国家A级住宅小区标识系统建设要点和技术导则

Construction Codes and Technical Guidelines for Sign System of National A-level Residences

主编单位：住房和城乡建设部住宅产业化促进中心
南京建邺城镇建设开发集团有限公司
批准部门：住房和城乡建设部住宅产业化促进中心
中　国　房　地　产　业　协　会
发布日期：2　0　1　3　年　1　2　月

中国建筑工业出版社
2013年　北　京

图书在版编目(CIP)数据

国家A级住宅小区标识系统建设要点和技术导则/住房和城乡建设部住宅产业化促进中心等主编．—北京：中国建筑工业出版社，2013.11

ISBN 978-7-112-15970-3

Ⅰ.①国… Ⅱ.①住… Ⅲ.①住宅区-标识-系统-研究-中国 Ⅳ.①TU984.12

中国版本图书馆CIP数据核字(2013)第238406号

责任编辑：郦锁林
责任设计：陈 旭
责任校对：刘梦然 赵 颖

国家A级住宅小区标识系统
建设要点和技术导则
Construction Codes and Technical Guidelines
for Sign System of National
A-level Residences

*

中国建筑工业出版社出版、发行（北京西郊百万庄）
各地新华书店、建筑书店经销
北京红光制版公司制版
北京画中画印刷有限公司印刷

*

开本：850×1168毫米 1/32 印张：2⅞ 字数：75千字
2013年11月第一版 2013年11月第一次印刷
定价：**45.00**元
ISBN 978-7-112-15970-3
(24743)

住房和城乡建设部住宅产业化促进中心
中　国　房　地　产　业　协　会 文件

建住中心[2013]62号　　中国房协[2013]86号

各有关单位：

为了规范国家A级住宅小区的标识系统建设要求，住房和城乡建设部住宅产业化促进中心组织相关单位编制了《国家A级住宅小区标识系统建设要点和技术导则》，并通过了专家审查，现予印发，请各单位推广应用。

该导则由住房和城乡建设部住宅产业化促进中心负责管理和具体解释工作，中国建筑工业出版社出版发行。

联系人：高真

联系电话：010—58934604

附件：《国家A级住宅小区标识系统建设要点和技术导则》

住房和城乡建设部住宅产业化促进中心
中国房地产业协会
2013年11月5日

前　言

根据“住房和城乡建设部住宅产业化促进中心关于邀请参加《国家A级住宅小区标识系统建设要点和技术导则》课题的通知”（建住中心函【2011】68号）的要求，住房和城乡建设部住宅产业化促进中心和南京建邺城镇建设开发集团有限公司会同有关单位开展了专题调查研究，系统归纳总结了近年来国内住宅小区标识系统在规划、设计、分类、材料、安装、管理等方面的经验和研究成果，结合江苏省的地方特点和实际情况以及优秀工程实例，编制了本技术导则，导则由正文和附录两大部分组成。本导则是目前国内第一部较系统的国家A级住宅小区的标识系统建设要点和技术导则。

主编单位：住房和城乡建设部住宅产业化促进中心
南京建邺城镇建设开发集团有限公司
参编单位：南京师范大学美术学院
上海晒煌标识设计工程有限公司
主　　编：梁俊强　娄乃琳　吴凯波
主要起草人：高　真　陈建华　刘永清　屠曙光　辛　萍
袁政宇　方亦涵　柳博会　姚　薇
审查人员：叶耀先　贾建中　卢志昌　董少宇　戴继锋
袁锦富

目　录

1 总　　则

1.0.1 为了进一步规范国家A级住宅小区的标识系统建设要求，提高住宅小区的环境性能，国家住宅小区的标识系统建设应采用新技术，进行科学设计、优化集成、精心建设，以提高住区高新技术含量和居住环境水平，满足居民现代居住生活的需求，制定本导则。

1.0.2 本导则根据住宅小区这一特定场所设置公共信息图形标志的需要，对现有图形符号进行筛选。同时，本导则对住宅小区这一特定场所设置和使用公共信息图形标志作了进一步规定。

1.0.3 本导则适用于新建住宅小区的标识系统建设，既有住宅小区的标识系统升级建设可参照执行。

1.0.4 住宅小区标识系统建设应遵循适用、经济、美观、安全的原则，符合系统性、协调性、醒目性、准确性、识别性等具体要求。

1.0.5 本导则在执行过程中可以根据具体工程项目和当地的实际适当进行调整。

2 住宅小区标识系统建设原则与要求

2.1 范　　围

本导则规定了住宅小区标识系统建设原则与要求。

本导则适用于国家各类型住宅小区标识系统建设的规划、设置及使用。

2.2 规范性引用文件

下列文件中的条款通过本导则的引用而成为本导则的条款。凡是标注日期的引用文件，其随后所有的修改条文（不包括勘误的内容）或修订版均不适用于本导则，但鼓励根据本导则达成协议的各方研究是否可使用这些文件的最新版本。凡是不标注日期的引用文件，其最新版本适用于本导则。

GB/T 50362—2005　住宅性能评定技术标准

GB 2893—2008　安全色

GB 2894—2008　安全标志及其使用导则

GB 5768.2—2009　道路交通标志和标线　第二部分：道路交通标志

GB 5768.3—2009　道路交通标志和标线　第三部分：道路交通标线

GB 13495—1992　消防安全标志

GB 15630—1995　消防安全标志设置要求

GB/T 10001.1—2012　标志用公共信息图形符号　第 1 部分：通用符号

GB/T 10001.4—2009　标志用公共信息图形符号　第 4 部分：运动健身符号

GB/T 10001.9—2008 标志用公共信息图形符号 第9部分：无障碍设施符号

GB/T 15566 公共信息导向系统 设置原则与要求

2.3 术语和定义

2.3.1 物业系统标志 property system sign

由图形符号、文字、颜色、几何形状（边框）等构成，用于表达住宅小区物业服务、管理等特定信息的标志。

2.3.2 业主系统标志 owners of the system sign

由图案、服务信箱、电话等构成的业主类标志，用于表达住宅小区内各类业主主体服务、协调等信息的标志。

2.3.3 环境指示类标志 environmental indicator sign

向人们提供某种信息（如标明住宅小区内某设施或公共场所位置等）的图形标志，基本形式为正方形边框。

2.3.4 道路指示系统标志 road indicator system sign

由提示标志和箭头结合所构成的标志，在住区内用以引导人们选择方向。

2.3.5 提示类标志 prompt sign

向住宅小区的人们提醒注意事项等信息的图形标志，基本形式为正方形边框。

2.3.6 禁令类标志 prohibition sign

禁止人们不安全行为的图形标志。基本形式为带斜杠的圆边框。

2.3.7 安全类标志 warning sign

提醒人们对周围环境、事物引起注意，以避免可能发生危险的图形标志。基本形式为正三角形边框。

2.3.8 其他类标志 other types of sign

对住宅小区标识系统外延进行扩展，根据住区规范及不同实施阶段，根据某种特殊需求，可设置其他类标志，其他类标志可细分包含无障碍类标志、会所类标志、施工类标志、销售类标志等。

2.4 国家A级住宅小区标识系统

主要可分为：物业系统标志、业主系统标志、道路指示系统标志、环境指示类标志、提示类标志、禁令类标志、安全类标志、其他类标志（会所指示类标志、施工类标志、销售类标志、无障碍类标志等），国家A级住宅小区常用公共信息图形符号见附录A。

2.5 使用场所

2.5.1 应在入口区域设置平面布置图，尽可能用图形符号表达相关信息，并在平面布置图中对图形符号的含义进行文字说明。平面布置图应与实际情况相符。应对观察者所在位置进行标示（如使用带颜色的圆点或五星符号），并使用中文“您在此”及英文“You are here”标明。平面布置图中的信息应布置清晰。

2.5.2 在道路分岔口应设置导向标志。当距离很长或环境复杂时，即使没有道路分岔口，也应以适当的间隔距离重复导向标志。

2.5.3 当环境有不安全因素时，应设置与安全有关的标志，提醒引起足够的注意。标志应设在足以使人避免该不安全因素的位置。

2.6 使用原则

2.6.1 设置住宅小区用公共信息图形标志应遵守《公共信息导向系统　设置原则与要求》GB/T 15566规定。设置与消防有关的标志应遵守《消防安全标志设置要求》GB 15630规定。设置与安全有关的标志应遵守《安全标志及其使用导则》GB 2894规定。设置交通标志标线应遵守《道路交通标志和标线》GB 5768规定。

2.6.2 图形标志应有足够的尺寸，设置在最容易看见的地方，并使大多数观察者的观察角接近 90°。

2.6.3 图形标志应与环境相协调。同一住宅小区图形标志的设置形式应在风格上保持一致。

2.6.4 尽量使用适量的图形标志将必要的信息展示出来，避免漏设、滥设。

2.6.5 图形标志设施不应存在对人体造成伤害的潜在危险。

2.6.6 图形标志设置后应定期检查。发现损坏，影响其功能或美观效果时，应及时予以更换。

2.7 使 用 要 求

2.7.1 颜色：

1 图形标志的颜色使用应符合《安全色》GB 2893 的规定。无“警告”含义的图形标志不应使用黄色，无“禁止”含义的图形标志不应使用红色。提示性或导向性图形标志的使用颜色选择顺序如下：

1）黑色图形，白色衬底；

2）白色图形，绿、蓝、黑色衬底；

3）蓝、绿色图形，白色衬底；

4）在保证图形和底色对比强烈的前提下，金属载体的标志牌可采用载体本色作为衬底色。

2 禁令性标志的颜色应使用白衬底、黑图形、红色斜杠或边框。

3 消防标志应使用《消防安全标志》GB 13495 规定的颜色。

2.7.2 文字：

1 一般要求：尽可能只使用图形符号而不附加任何文字。如必须使用文字，则应使用标准的简化字。文字简短明了，表达方式统一。

2 不带符号的文字：仅在没有合适的图形符号表达所要传递的信息时，可仅使用文字作为提示标志，或与箭头结合成为导向标志。

文字提示标志应附加英文对应词，其英文字号应小于相应的中文字号。

3 补充文字：使用文字补充信息时，可附加对应的英文，其英文字号应小于相应的中文字号。

4 符号名称：导向标志不应附加符号名称。提示标志可附加符号名称，并鼓励使用相应的英文对应词。同一场所的提示标志是否使用符号名称及英文对应词应保持一致。

5 文字字体：中英文字体应使用较显眼辨认的字体。英文用大小写混合字母来表示。

6 文字的排列：

1）单一文字标志：

（1）单一文字标志是仅用文字表达独立含义的文字标志，在书写习惯中，应横向排列。

（2）单一文字标志的尺寸设计基准由文字的行高确定。

（3）单一文字标志时，在视觉上，文字在标志中应充实、均匀分布且位置居中。

（4）相同类型的单一文字标志，宜具有相同的尺寸设计基准。

（5）当文字标志中含有中文和英文时，应以中文为主，英文为辅。在文字标志的排列方式上，如上下形式，应中文在上，英文在下。如左右形式，则位置不受过多局限。

（6）单一文字标志与箭头符号的组合，形成导向标志，指示不同方向所代表的含义。

（7）单一文字标志与箭头符号宜横向排列，其相对位置关系为：

① 箭头指左向（含左上、左下），文字标志应位于箭头符号右侧；

② 箭头指右向（含右上、右下），文字标志应位于箭头符号左侧。

（8）箭头符号在标志左侧时，单一文字标志中的多行文字宜左对齐，箭头符号在标志右侧时，单一文字标志中的多行文字宜右对齐。

2）组合文字标志：

（1）通常情况下，文字标志不应具有单独的衬底色或边框。

（2）若文字标志需要配备边框或衬底色作为图形标志使用时，文字标志的边框应与图形标志的边框形式相同，并保证尺寸、颜色一致。

（3）在文字标志的组合中，文字信息应单行或单列排列：排列顺序宜按照文字标志组合中所示对象的重要性或由近至远位置从左至右或从上至下排列。

（4）作为组合标志中的主要传递信息时，可配合标识造型，做纵向排列。中英文的排列方向应一致。

（5）通常情况下，文字的字间距应小于文字与标志左、右、上、下边缘的间距。文字为两行或多行时，行间距应小于文字与标志上、下边缘的间距。

（6）同一系列信息的文字标志或同一标志组内的字体大小、尺度、排列方式应保持一致。

（7）同一类型的文字标志与图形标识的组合中，应保证组合方式一致。如图形标志在左，文字标志在右，均按同一形式排列，保证统一性。

（8）小区标示系统内，文字标志的颜色应保持一致，如作为图形标志的辅助标志时，应与图形标志的颜色保证一致。

（9）文字标志为图形标志的辅助标志和补充标志时，文字标志应清晰准确表达图形标志的含义。

（10）文字辅助标志和文字补充标志应与图形标志组合设计在一起，应符合《标志用公共信息图形符号 第1部分：通用符号》GB/T 10001.1 中对图形标志与文字标志组合时的要求。

（11）多个导向标志组合时，如箭头符号在文字左侧，文字宜左对齐；如箭头符号在文字右侧，文字宜右对齐。

2.7.3 箭头、符号、文字以及标志的布置与间隔：

1 一般要求：箭头、符号和文字以及标志之间应有足够的间隔，以使他们能清晰地区分。为便于布置其他要素符号（如符号、文字），方向箭头用一个虚线框表示（各要素确定后的标志中不带虚线框）。箭头、符号和文字布置的基本测量单位为符号的线性尺寸 S，符号边框线的尺寸为 $0.015S$～$0.03S$（图 2.7.3-1）。

图 2.7.3-1　布置尺寸

2 符号间隔：对于一组相同方向的符号，几个符号之间的最小距离应为 $0.15S$（图 2.7.3-2）。

3 文字间隔：符号与相关文字之间的距离应为$0.2S$～$0.3S$。

对于单行或双行文字，文字总高度（含间隔）不应大于 $0.6S$；文字多于三行时，总高度（含间隔）不应大于符号尺寸 S。

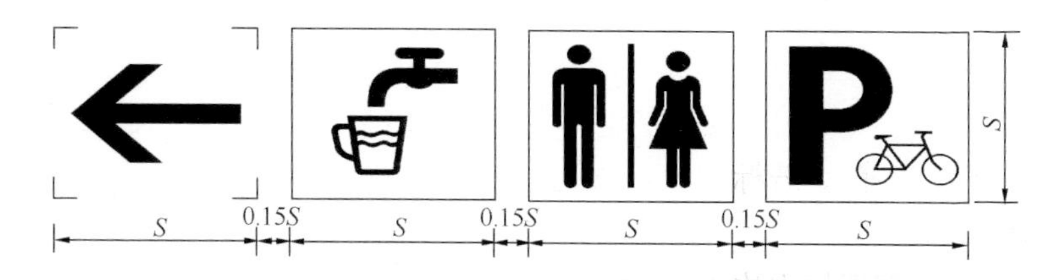

图 2.7.3-2　符号间距

如标志只由文字或由文字和箭头组成，文字在标志中的高度按符号高度处理。

4 标志间隔：一个标志牌包含几个上下排列的标志时，标志间隔应具有相同的横向尺寸，标志间最小垂直距离为 $0.3S$。

一个标志牌包含多于一行的符号时，行间的垂直距离至少应不小于符号间的间隔距离（$0.15S$）。建议选择行间的垂直距离大于符号间的间隔距离。

5 符号的结合：可将符号结合使用以表达新的含义。结合的符号应显示在一个框形内（符号之间不分开）。如果结合符号在其上方或下方有一起显示的两个单独符号，其宽度应与两个单独符号的总宽度相同。

2.7.4 尺寸：

1 选择尺寸应符合《公共信息导向系统　设置原则与要求　第1部分：总则》GB/T 15566.1—2007的规定。符号、文字和标志的实际尺寸取决最大观察距离及标志的设置高度。

2 同一区域内标志中的符号尺寸应尽可能相同。

3 标志的最小尺寸应为1.3S。

2.7.5 高度：

标志的设置高度应符号《公共信息导向系统　设置原则与要求　第1部分：总则》GB/T 15566.1—2007中6.6节的规定。为了保证清晰度，标志的设置应在与观察者视觉正常方向的中心线偏移5°范围内；如受条件限制无法满足该要求，也可在10°的偏移范围内设置。

1 设置在墙上的导向标志：导向标志上边缘与地板间的最小垂直距离应不小于2m，以便标志不被完全遮挡。

2 提示标志：提示标志应设置在水平视线的高度（如沿着走廊的门牌）。若标志需从较远距离辨认，则最小设置高度应不小于2m。

2.7.6 图形标志构成：

1 图形标志通常情况下由图形符号、边框和（或）符号衬底色构成，形状为正方形。

2 在构成图形标志时，应使用边框和（或）符号衬底色形成标志区域。图形符号应选择国家标准图形。

3 在不同情况，如标志载体的边框与图形标志区域重合时，可去掉图形标志的边框，将图形符号单独作为图形标志使用，并可直接使用标志载体的颜色作为符号衬底色。

4 具有警示／禁止意义的图形标志，应以圆形边框和（或）衬底色的形式出现。

5 为彰显设计感，可通过圆滑边框的拐角或圆滑由衬底色形成的标志区域的拐角对标志外观进行适当改善，但应保持标志形状的大体形式为正方形。

6 标准图形符号的设计通常不应更改，在标志区域内，也不可添加文字等其他视觉元素混淆视觉。

2.7.7 图形标志与文字标志的组合：

1 文字标志包括文字辅助标志和文字补充标志。当图形标志与文字标志组合时，图形标志是主体，文字标志对图形标志的含义进行说明或者补充。如图形标志为箭头，则是对方向性进行说明。如图形标志为图标，则是对图标内容进行补充。

2 组合标志中的文字宜横向排列；文字标志可位于图形标志的左侧、右侧或下方，不应位于图形标志上方。

3 组合标志中的文字与图形标志的间距、比例应符合视觉心理学，保证视觉感受舒适。

4 在组合标志中，文字标志的颜色设计应与图形标志相协调。

5 在组合标志中，文字标志的设计也应符合文字标志设计原则和要求的有关规定。

2.7.8 图形标志与图形标志组合的多重标志：

1 在多重标志中，图形标志宜单行或单列排列：排列顺序宜按照多重标志中图形符号所示对象的重要性或由近至远位置从左至右或从上至下排列；如多重标志中的图形标志必须多行或多列排列的空间则应使行间距或列间距大于图形标志之间的距离，以便各行或各列间有明显的区分。

2 图形标志与图形标志组合时，有两种情况：

1）并列关系；

2）补充关系。

3 图形标志与图形标志组合为并列关系时，其重要性相同。

尺寸、比例、颜色应保持一致。在组合中，可通过留有间隙等方式进行间隔。

4 图形标志与图形标志组合为补充关系时，其中的一个图形标志是主标志，另一个图形标志对主标志的含义起到补充说明的作用，起补充说明作用的图形标志应位于主标志的右侧或下侧。尺寸、比例、颜色也应保持一致。

5 如两个图形标志上的图形符号在外观上相近或经简单组合后会有歧义，则可添加竖线进行分隔，起分隔作用的竖线长度不应与标志边框相接。

6 组合标志的颜色设计应符合第 2.7.1 条的规定。

2.7.9 图形标志与箭头符号的组合：

1 根据使用情况，箭头可以单独独立使用，也可增加边框配合图形标志使用。增加边框时，边框应与图形标志的边框保持风格一致。

2 在图形标志与箭头符号的组合中，如图形标志具有方向性，则其方向应与箭头所指方向一致。

3 在一套标识系统中使用箭头符号时，应注意使用位置。如箭头在上、箭头在下、箭头在两侧，同一套标识系统其使用位置应保持相同，不可时上时下，时左时右。

2.7.10 图形标志、文字标志与箭头符号组合的多重标志：

1 箭头符号和文字标志应分别与图形标志相邻。图形标志与文字标志的关系应符合第 2.7.7 条中的规定。图形标志与箭头符号间的关系应符合第 2.7.9 条中的规定。

2 图形标志所指示的对象在同一指示方向上时，多个图形标志宜仅带一个箭头符号。

3 在多重标志中，各图形标志可按照箭头符号的不同指示方向分组，组与组之间应有明显的区分，组建的区分可通过一定宽度的空白间隔或其他视觉元素实现。

4 组内图形标志排列顺序，宜从紧临箭头的图形标志起按照 2.7.9 条中的形式。

3 住宅小区标识系统设计与技术要求

3.1 A级住宅小区标识系统中数量、点位、造型、内容及相关要素的设计原则和要求

3.1.1 空间整体规划的设计原则：

1 分析标识系统所在的空间环境，明确空间环境的形态、尺度、易识别性等空间特征。

2 分析空间环境中的交通状况，确定交通流动线路中所需连续的导视标识信息。

3 根据分析确立导视标识符号（文字、图形）、导视标识设施版面（导视标识符号的承载面）的形状、大小、色彩、亮度等参数进行设计。

4 针对空间环境特征进行标识设施载体的规划设计及设置，提升空间整体形象。

3.1.2 设计要求：

1 设计作品在色彩、尺寸、造型、材料等方面符合使用者生理和心理特点，符合人的实用功能需求。

2 设计作品要注重对人精神层次的需求，对特殊人群和各个特定社会群体的特殊关怀。

3.1.3 设计要点：

1 确定设计中的使用人群，确定设计中的舒适尺度和安全尺度。

2 根据不同的位置设定不同的指示方向：前、后、左、右（左前、右前、左后、右后）；东、南、西、北（东南、西南、东北、西北）。

3 不同的人有着不同的方向，准确的方向保证了不同的人能到达不同的地方。

3.1.4 住宅小区标识系统中人、设施和环境的互动关系：

1 住宅小区标识系统中人、设施和环境的互动体系由标识设施所处的小区空间环境、标识设施使用者以及标识设施本身三者构成。

2 小区导向设施中人、设施和环境的互动体系实质是一个动态的、连续性的过程，而不是某个静止的、片段的动作行为。因为人的行为模式有既定的规律部分也有很多随机的部分，由此带来了此互动体系中一些较固定的行为现象（图 3.1.4 中的交集 A1 和 A2），同时也存在一些动态变化的部分（图 3.1.4 中的交集 B1 和 B2）。

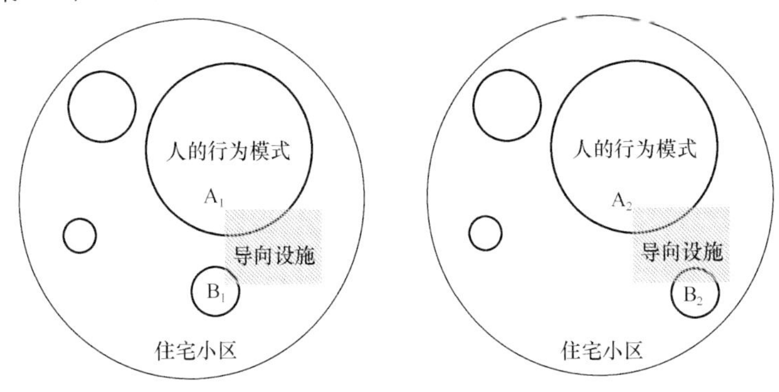

图 3.1.4 小区导向设施中人、设施、环境互动体系

3.1.5 住宅小区标识导视设施设计中主要人群的行为活动特征：早晨以锻炼身体的活动为主，傍晚则以歇息娱乐活动为主；儿童的活动具有移动性、连续性和亲自然性特征，没有明显的时间性（表 3.1.5）。

表 3.1.5 主要人群的行为活动特征

居民类型	时间段	活动类型	活动人数	活动地点
老年居民	早晨 6：00～8：00	打太极拳、舞太极剑	13	空旷的草坪上
	中午 12：00～14：00	晒太阳	7	草坪上
	傍晚 17：00～18：30	看书报、下棋、聊天	3	草坪、有桌椅树下

续表 3.1.5

居民类型	时间段	活动类型	活动人数	活动地点
中青年居民	早晨 6：00～8：00 中午 12：00～14：00 傍晚 17：00～18：30	跑步 妇女照看小孩、编织 散步、聊天、打羽毛球	35 8 31	居住区小道 草坪 草坪、有桌椅树下
儿童居民	早晨 6：00～8：00 中午 12：00～14：00 傍晚 17：00～18：30	儿童游戏	6 14 21	草坪、沙坑、游戏场

3.1.6 造型设计依据：

1 基于品牌形象概念设计：小区标识导向系统是一项空间品牌的设计和开发工作。将平面图形品牌开发理论注入地域空间，使空间品牌设计概念开发延展和提升了传统平面品牌设计的外延和内涵。

2 基于信息建筑概念设计：造型要符合空间整体规划设计的原则，可适当采用建筑中含有的元素及建筑风格进行设计，以达到整体空间概念一致的效果。

3 基于人体工程学概念设计：

1）为标识设计中考虑“人的因素”提供人体尺度参考；

2）为标识设计中考虑“产品”的功能合理性提供科学依据；

3）为标识设计中考虑“环境因素”提供设计准则；

4）为进行人—机—环境系统设计提供理论依据；

5）为坚持以“人”为核心的设计思想提供工作程序。

4 基于时间效率概念设计：分析空间环境中的交通状况，进行合理的人流、车流走向、流量分析，以确保在最短最有效的时间内到达目的地。

5 基于空间流程概念设计：分析空间环境中的交通状况，进行合理的人流、车流走向、流量分析，确定交通流动线路中所需连续的导视标识信息。

3.2 A级住宅小区标识系统中图形标志、符号及相关要素的设计原则和要求

A级住宅小区标识系统中图形标志、符号及相关要素的设计原则和要求见第2.7.6条内容。

3.3 A级住宅小区标识系统中文字、字体及相关要素的设计原则和要求

3.3.1 文字：

1 字号的确立应依据标识版面大小、所列文字内容、字数、观视距离而定。

2 同一类型的标识中，文字标志应保证字号大小、排列方式、对齐方式、间距等保持一致。

3.3.2 中英文对照：

1 当文字语言种类为一种以上时应首选中文和英文。文字标志的含义以中文为准，并应使中文在视觉上比英文醒目。在少数民族自治区内可以使用当地的民族文字，如藏文。文字的语言种类不应多于三种。

2 英文字体书写时，注意书写标准，除介词、连词外，开头字母宜大写或所有字母均大写。

3 英文标志表达应规范、专业。避免语病、语误，中式英语的出现。

3.3.3 A级住宅小区标识系统中色彩、色调及相关要素的设计原则和要求：

1 根据人们在长期使用过程中，对色彩的象征性和不同色彩产生的不同视觉心理，使用合适的颜色。

2 色彩、色调选用依据：导视设计色彩的设计要根据和谐、均衡、个性鲜明的原则，选择符合环境特点，迎合大众的审美心理、符合国际潮流的标准色彩。

关于导视系统的色彩设计，一定要严格去规范它的整套色彩

体系，同时还要注意辅助色的搭配使用，如利用不同的辅助色表示不同的区域。

3 一般性要求：标识导视系统的用色一般来讲忌用三原色和黑、白色。宜采用二次调配的色彩，变化多，色相和明度都可调整，可以给人新的感受。

标识导视系统的用色，除了在某些标识中有法令规定外，一般宜参照以下要求：

1）色彩要统一：在住宅小区导视系统中，所有的色彩应统一，使每一个标识不管在系统中的哪个地方，都能反映出它是系统中的一部分，同样也使人一见到同一色彩的标识，就知道自己仍处于系统的区域范围之内。同时，也以此来强化系统的群体性、成套性和完整性。

2）用色要少：宜控制在两色之内，可利用基色的阴阳变化，提示功能。

3）背景的反衬：宜在复杂背景色中采用明快色彩的边框使标识从背景色中凸显出来。

4）夜视功能：某些场所下需要标识具有夜视效果，在白天的情况下，色彩满足系统统一色调的要求，而在夜晚则要求它发光。

3.3.4 A级住宅小区标识系统中空间、尺度及相关要素的设计原则和要求：

1 住宅小区标识系统尺度设计的基本要求：

1）住宅小区标识的尺度设计必须要充分考虑人的视点、视距、视角以及人的各种活动的需求，符合人体工程学的要求。

2）住宅小区标识系统需要做到尺度有序，形成尺度序列。

2 住宅小区标识系统尺度分类：

1）造型尺度——导向标识设施本身的功能形态尺度。造型尺度必须充分考虑人的视点、视距、视角以及人的各种活动的需求以及视觉习惯和书写习惯。

2）人体尺度——与人体的比例产生相互关系或空间关系的尺度。小区导向标识设施尺度需要以使用者的视觉运动规律为依据。

3）整体尺度——在小区空间内，整体尺度一定要考虑标识和环境的关系，在不影响识别功能性的情况下要尽量做到与环境相协调。住宅小区内导向标识设施的位置分为两部分：一是指导向标识设施在小区空间内的分布位置，它是与设施的功能相关联的；二是指设施的位置方向，是针对人们使用导向标识设施而言。

设置方面，需要根据人们的行为习惯和人体工程学的原理，控制标牌的高度、视距、间距以及字体大小等。其中远视距为25～30m，中视距为4～5m，近视距为1～2m；悬挂高度为2～2.5m；中英文字体的大小比例为3∶1，连续设置的间距为50m。

4）细部尺度 —作为整体尺度标识中的“文字、图形、构件”等细部尺度，要做到与整体尺度的统一，不能出现尺寸不一、大小混乱的情况。

3 尺度和比例的关系：在标识系统设计时，要考虑到所处环境的具体情况。通常户外的标志性导向指示牌较大，能增强其视觉效果，而室内空间的指示牌相对尺度较小，以符合室内环境的尺度。在设计中，通过实验的方式来考证尺度大小，按照一般经验来说，视觉尺度与实际尺寸的比值约在1∶1.2～1∶1.5之间。尽量避免出现视觉与实际尺寸不相符的错误。

4 确定造型尺度的原则：

1）根据使用者的要求确定：

（1）驾驶者——为驾驶者提供导引指示的主要是交通标识，对驾驶者速度的研究直接关系到标识的尺度。驾驶员的移动速度与他们的视认距离、标识所包含的信息量的关系，见图3.3.4。

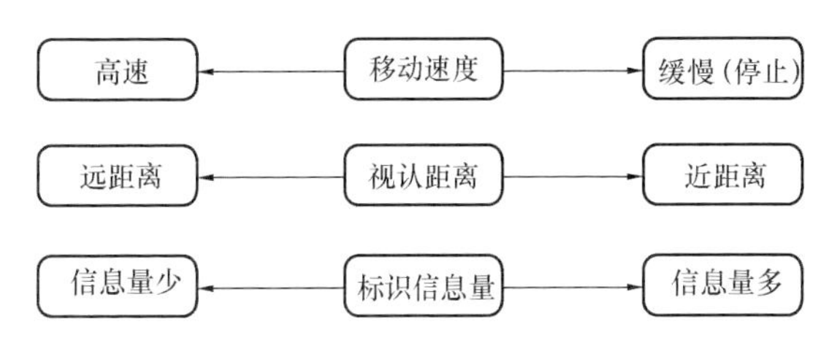

图3.3.4 驾驶者的移动速度与视认距离、信息量的关系

可见驾驶者的移动速度越高，对视认距离的要求越大，对于信息量要求越简要。文字的大小、比例和数量，直接决定交通标识的尺度。那么对于驾驶者而言，表 3.3.4 所示尺寸为合理尺度，可提高导视标识系统的可辨别性、可行性和易使用性。

表 3.3.4　标识设计中文字的参考尺寸

信息的使用者	使用者行为状态	视认距离（m）	中文字高度（mm）	英文字高度（mm）
驾驶者	高速移动	65～100	200～300	100～150
驾驶者与步行者公用	中速移动	30～50	100～150	50～75
步行者	低速移动成静止	20	80	40
		10	40	20
		4～5	20	10
		1～2	9	4.5

（2）普通行人——为普通行人提供指示的道路标识系统，主要是指示标识。除人体工程学外，对普通行人的视高、视野和移动速度的把握直接关系到该标识系统的尺度。

① 对普通行人视高的研究。中国普通行人的平均视高在 1.6m 左右。

② 对普通行人视野的研究。人的研究以大约 60°顶角的圆锥为视野范围。

③ 对普通行人移动速度的研究。普通行人的移动速度通常是低速或者静止，视认距离在 1～5m 之间。

根据上面的普通行人的视高、视野的确定，可以设计出合适的道路标识的尺寸和比例。

2）依据人体工程学确定；

3）依据标识信息量的多少确定；

4）依据标识信息的形式确定；

5）以使用者为参考物来确定单体的尺度。

3.4 A级住宅小区标识系统技术要求

3.4.1 工艺要求与材料选择。在一般情况下，安放在永久性公共空间的标识指示牌原则上应该是免维修的，不宜采用耐久性差的材料及制作方法。

1 经济性：导视系统使用工艺应具有经济性，包括工艺路线与工艺成本两个方面。工艺路线的经济性表现在所设计的工艺步骤应避免过多繁琐的环节。同一种工艺会有几种工艺路线，选择工艺路线短的，就具有经济性，它是效率与效益的体现。工艺成本的经济性主要是指所设计的工艺是否合理，是否符合商品的实际使用特征和商品的价值。

2 可行性：工艺设计的可行性包括两个方面：一是设计图纸具有可操作性，应避免图纸设计在施工制作过程中出现不能实现的情况；二是工艺设计步骤需要做到合理、可行。

3 综合性：在制定工艺路线时既要考虑到技术要求与实施条件的可能，又要考虑到生产效益；既要考虑本道工序的效果，又要考虑到给下道工序是提供了方便，还是带来了“麻烦”。

3.4.2 按工艺特点分类如下：

1 丝网印刷，分单色出片、四色出片、正面丝印、背面丝印、打眼；

2 喷绘，有背胶像纸、高光像纸、亚光膜、亮光膜；

3 钢化玻璃要精磨四边，打孔；

4 夹胶玻璃中胶片分为透明胶片、乳白胶片、超白胶片三种；

5 大理石需磨边、开凿、抛光；

6 不锈钢或金属材质要刨槽、刨槽折弯或冲孔，激光切割、冲压成型；

7 亚克力吸塑；

8 金属烤漆或喷漆，焊接、打磨，金属腐蚀工艺。

3.4.3 标识系统的制作工艺流程如下：

1 效果图：效果图是设计内容的一部分，是指导加工的依据，也是对现场核对、成品验收的重要依据。效果图上应标注出型材型号、规格、尺寸关系、图文、色彩等相关内容，按比例绘制。它可采用电脑作出平面设计后通过喷墨打印制成。

2 材料准备：根据效果图确定所需型材的规格、品种、尺寸、数量，有利于做好制作前的准备工作。同时也应该对所需的装配附件、配件做好准备。

3 下料：按图纸的尺寸下料。下料时应注意装配的关系，对有翻边、折弯、叠合等要求的部位，应充分考虑到下料的余量。

因标识系统制作过程的特殊性，现将工艺过程中的氧化处理、表面涂覆、图文制作、组合安装单独列出。

3.4.4 材料：

1 材料的不同会体现不同的时代风格和理念，也对标识的施工结构、预算产生很大的影响。当前，在标识指示牌的设计中平面图文介质大部分采用的是写真喷绘、搪瓷、钢化玻璃、木质、不锈钢、镀锌钢板等材料和氟碳喷涂、烤漆、喷塑等表面材料，都是当前较好的材料。

2 材料可分为自然材料、高科技材料和其他材料。公共场所和户外的导视系统，要能经受住自然因素和人为因素的破坏，所以材料应具有一定的持久性和耐用性。

1）材料特点，具体见附录C标识系统材料类型介绍。

2）材料选择的基本原则：

（1）视觉表现原则。标识设计最终目的是为了视觉传达、信息传播。所以在选材上首先要考虑视觉效果及表现的需要。如需表现传统文化和自然淳朴的风格，就要考虑用木材、石材等材料；要有时代气息，个性新颖、独特，可以考虑用亚克力板、玻璃钢、铝塑板、PVC板、阳光板、弗龙板等。

（2）施工结构合理性原则。在考虑视觉效果后，施工结构就显得尤为重要。在不能确定其结构是否合理，是否能承受外界压力情况下，坚决不能施工，以免留下安全隐患和后续维修的麻烦。

（3）使用期限的考虑。临时性标识由于使用时间短，普通材料基本都能满足，只要充分考虑视觉效果和使用成本就可以；长期性标识选材时就要注意使用的寿命，选材不当不仅会对客户造成损失，也会给以后的维修带来麻烦。

（4）使用场地的选择。标识系统的使用场地根据建筑环境分为室内和户外两种。户外使用时要经受太阳光的照射，以及风吹雨淋，在设计时要充分考虑选材和工艺。其次，在不同的地理位置会有不同的气候特点，在设计时也要慎重考虑不同的气候环境。

（5）使用和服务维修的成本。优秀的设计方案有很强的执行力，设计方案应考虑实际情况，在可承受的经济范围内，制定设计方案，达到方案的最佳效果。

3.4.5 照明系统。灯光在导视设计中的应用是弥补导视系统在光线不足情况下的正常使用，现在也演变成了一种更具有视觉冲击力的导视视觉设计。

照明可以使指引系统中的特定地点引起人们的注意。

照明系统的要求如下：

1 灯光应该现场进行测试，以便确保在亮度和色彩方面可以获得期望的效果。而对于日光来说，在进行规划时应该将不同的白天时段、季节、各种气候条件所产生的光线情况都考虑进去。

2 信息载体不应当直接放置在光源的前面，因为透过反光，信息会显得非常暗淡，而且不易于阅读。如果在光线非常不足的情况之下，可以借助于余晖或者反光背景的衬托将信息加在载体媒介上。

3 从内部进行照明的信息载体，在光线不足的时候大多数很难看清。所以，设计好光线对于一个好的指引系统来说具有决定性的意义。

4 在使用光源的时候，要遵守相应的安全标准。

3.4.6 照明模式。发光分为内发光和外打灯，可根据设计要求选择。内发光的方式使文字信息清晰直观，一般应用于信息标识。外打灯可以突出整个标识效果、通常用于有造型的景观标识。灯源主要有以下：（1）LED灯；（2）T4、T5灯管；（3）霓虹灯。各种灯源具体见附录D标识系统灯源类型介绍。

3.4.7 安装位置的设置。要使标识导示系统发挥其应有的功能，安装的形式和位置是一个值得重视的问题。通过对导向系统位置设置的规范，要达到醒目、合理的目的。规范内容主要包括：设置原则的标准化，导向要素使用大小，设置的场所、高度、密度等。不仅要反映所有空间的概况，并考虑到使用这些导向的人的具体条件，将标识和周围的空间融为一体来考虑。

大多数标识是固定安装，在某一时段内标识的内容、形式、位置不会轻易发生改变。这类导向指示牌在安装时应考虑到经济、照明、维修、安全、稳固，以及与建筑空间的整合等问题。根据使用要求，也有一些导向标识具有一定的临时性，这类标识在用材上要轻便，易于移动，但图形和文字必须规范。

3.4.8 安装方式主要有：突出型、悬吊型、墙挂型、自立型（单双柱）等形式。各种安装方式，见附录E标识系统安装类型介绍。

4 住宅小区标识系统管理规定

4.1 A级住宅小区标识系统组织和管理

小区标识导视系统在投入使用后，为确保使用寿命及使用功能，需由建设方指定相关部门进行后期的组织管理，通常情况为小区物业部门。

4.2 A级住宅小区标识系统维护和管理

4.2.1 整体维护管理计划包括以下内容：

1 标识置换及移动；

2 清理及维修；

3 更新及扩展设计系统。

4.2.2 关于标识置换及移动，需要提前考虑以下问题：

1 标识的设计、安装及维护是否由同一公司完成；

2 是否有年度标识置换费用计划；

3 每年需要多少维护和管理时间；

4 标识本体的使用寿命是多长时间（表4.2.2）；

5 如何防止标识本体坠落或倒下伤人；

6 如何防止可能的损伤。

表4.2.2 标识使用寿命与设计制作的关系

标识寿命	0～4年	5～9年	9～25年
设计与规划	标识本体安装之后，仍然可以有设计延展的空间。客户可以在未来使用期间做出设计的调整	中等的设计规模，客户投入比较小	一次性设计和规划成本
标识系统	具有弹性的设计，有电子图纸文件可供修改	容许部分细节可以进行修改	持久型的设计，很难已修改

续表 4.2.2

标识寿命	0～4 年	5～9 年	9～25 年
材料	低成本材料	中等成本材料	高质量材料
可修正性	有限的可更换性，部分部件可拆换，表示本体可轻松拆卸	比较有可更换性，部分部件可以换，尤其是标识表面部分	完全可更换性，所有部件都可以在系统维护时拆卸或替换
清洁	不需要大量的清洗投入	年度清洗时间表	两年度清洗时间表
替换	月度替换计划	年度替换计划	两年替换计划
管理	用户与制造商之间日常沟通	用户与制造商之间月度沟通	用户与制造商之间月度沟通

4.2.3 关于清洁及维修计划，需要考虑以下问题：

1 哪个部门负责实施清洁及维修计划；

2 标识本体清洁及维修的频率；

3 需要怎样的清洁用具；

4 经济有效的清洁方式；

5 标识的维修检查工作的频率及时间；

6 标识的维修是否需要标识制作商提供帮助；

7 是否有年度标识维修及清洁的费用计划。

4.2.4 关于更新及扩展，需要考虑以下问题：

1 添加的新内容和新标准如何与现有设计相融合；

2 标识系统的置换如何与未来标识系统的扩展相融合。

4.3 标识单体的维护

4.3.1 基础安装部分。标识单体在安装时要符合安装环境的条件，并在安装初期提供标识安装基础可移动或置换的设计说明及维护计划到相关后期维护部门。

4.3.2 支撑部分。支撑部分的色彩和环境相协调。标识的支撑部分表面常常被涂鸦等方式所污染，需要提供表面清理及遮盖污染的维护方式。

4.3.3 面板部分。为了保证长期表面品质，多日照地区特别需要进行抗紫外线覆膜等工艺处理，使色彩可以长期保持。防酸雨材料需要由设计方推荐和规定，标识制造公司也需要提供防酸雨腐蚀的时间保证说明。为了保证表面的长期清理，标识制造公司还要提交清理材料的相关技术资料。

4.3.4 信息内容部分。信息面板和信息内容的设计都必须采用方便维护的结构和方式。长期固定的信息内容一般都采用覆膜或者丝网印刷的工艺，需置换的内容（文字及画面部分）通常采用贴膜方式或其他工艺。在设计之初由双方协商好所需方式。

附录A 住宅小区常用公共信息图形符号
（规范性附录）

物业系统标志			
序号	标识名称	图　　标	说　　明
1	物业管理		表示物业管理处
2	小区安保		表示安全警卫人员，或者指警卫室
3	小区巡查		表示小区巡查人员和巡查处
4	搬运帮助		表示帮助客户搬运货物、行李

续表

序号	标识名称	图　　标	说　　明
5	代运重物		表示帮助客户运送重的货物
6	代招出租车		表示帮助客户扬招出租车
7	代寄邮件	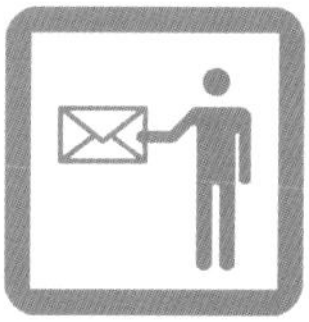	表示帮助客户邮寄信件
8	外卖服务		表示提供外卖服务
9	送奶入户		表示给客户提供上门送牛奶的服务

续表

序号	标识名称	图　　标	说　　明
10	家政服务		表示提供客户家政方面的服务
11	钟点工服务		表示提供客户钟点工的服务
12	特级烹饪服务		表示提供特级烹饪的服务
13	家教服务		表示提供客户家庭教师方面的服务
14	家庭病床护理		表示提供客户家庭病床护理

续表

序号	标识名称	图　标	说　明
15	伴老服务		表示提供陪伴老年人的服务
16	接待处		表示接待客户的地方
17	访客接待	访客接待	表示此处接待访客
18	洗衣服务		表示该处提供客户洗衣服务
19	送伞服务		表示提供送伞服务的场所

续表

序号	标识名称	图　　标	说　　明
20	问询服务		表示该处提供客户问询服务
21	电话求助		表示提供电话求助的服务
22	公用雨具		表示提供公共用雨具的设施
23	物业维修		表示提供物业维护修理
24	物业维修电话	83789999	表示小区物业维护修理的电话

续表

序号	标识名称	图　　标	说　　明
25	物业投诉电话	83789999	表示小区物业投诉的电话
业主系统标志			
1	业主委员会		表示该处为业主委员会所在地
2	业主信箱	业主信箱	表示提供业主反映意见建议的信箱
3	纠纷调解		表示提供纠纷调解方面的服务
4	小区警务联系	0883579	表示提供本小区警务联系的电话

续表

序号	标识名称	图　标	说　明
5	社区 志愿者		表示该处提供社区志愿者服务
6	志愿者 之家		表示该处为志愿者活动提供的场所
7	社区志愿 者帮助 电话	83785555	表示提供社区志愿者帮助的电话
道路指示系统标志			
1	上行		表示向前行进或向上行进的方向
2	下行		表示向后行进或向下行进的方向

续表

序号	标识名称	图　　标	说　　明
3	左行		表示向左行进的方向
4	右行		表示向右行进的方向
5	双行线		表示可以上下或前后行进
6	交叉右行		表示此处可以前行或者右转
7	左转弯		表示前方车辆需要向左转弯行进

续表

序号	标识名称	图　　标	说　　明
8	丁字路口		表示前方为丁字路口，可左右行
9	右转弯		表示前方车辆需要向右转弯行进
10	允许掉头		表示该处允许车辆掉头
11	地下车库入口		表示为机动车地下车库入口处
12	地下车库出口		表示为机动车地下车库出口处

续表

序号	标识名称	图　　标	说　　明
13	出口		表示出口通道的位置或指示方向
14	入口		表示入口通道的位置或指示方向
15	紧急通道		表示紧急通道的位置
16	机动车通道		表示该通道允许机动车通过
17	助力车通道		表示该通道允许助力车通过

续表

序号	标识名称	图　标	说　明
18	自行车通道		表示该通道允许自行车通过
19	行人通道		表示该通道允许行人通过
20	停车场		表示停放车辆的位置
21	下车推行		表示经过此处的非机动车需要下车推行
22	坡道推行		表示此处有坡道，非机动车需要下车推行

续表

序号	标识名称	图　标	说　明
23	上下楼梯		表示此处为上下行的楼梯
24	小心坡道	坡道请小心	表示该处道路倾斜需注意
25	自行车停车场	P	表示该处为自行车停放处
26	助力车停车场	P	表示该处为助力车停放处
27	违停拖车	违停拖车	表示该处停放机动车会给拖走

续表

环境指示类标志			
序号	标识名称	图　　标	说　　明
1	公共厕所		表示公共厕所的位置和设施
2	男卫生间		表示供男性使用的卫生设施
3	女卫生间		表示供女性使用的卫生设施
4	客运电梯		表示此电梯只能给人使用
5	客货两用电梯		表示此电梯可以给人和货物使用

续表

序号	标识名称	图　标	说　明
6	货运电梯		表示此电梯仅供运输货物使用
7	请刷卡		表示该处通道需刷卡进入
8	请按钮		表示此处有门铃设置
9	请拉门	拉	表示该门需要用手拉
10	请推门	推	表示该门需要用手推

续表

序号	标识名称	图　标	说　明
11	请随手关门		表示进门后需要随手关门
12	亲子乐园		表示大人与小孩一起娱乐的设施或场所
13	儿童乐园		表示小孩娱乐的设施或场所
14	户外休息座		表示人们户外休息的设施
15	单元门厅休息区		表示小区单元提供人们休息的区域

续表

序号	标识名称	图　标	说　明
16	借用手推车		表示提供手推车需要的服务
17	手推车停放处		表示提供手推车停放的场所
18	允许垂钓		表示该处允许人们钓鱼
19	健身设施		表示提供人们日常锻炼的设施
20	娱乐设施		表示提供人们日常娱乐的设施

续表

会所指示类标志			
序号	标识名称	图　　标	说　　明
1	餐饮服务		表示该处提供餐饮类服务的场所
2	红酒吧		表示该处提供红酒类服务的场所
3	雪茄吧		表示该处提供雪茄类服务的场所
4	中式饮茶		表示该处提供中式饮茶类服务的场所
5	咖啡吧		表示该处提供咖啡类服务的场所

续表

序号	标识名称	图　标	说　明
6	读书吧		表示该处提供书籍阅读类服务的场所
7	网吧		表示该处提供上网类服务的场所
8	歌舞厅		表示该处提供唱歌跳舞类服务的场所
9	健身房		表示该处提供健身类服务的场所
10	棋牌室		表示该处提供棋牌类服务的场所

续表

序号	标识名称	图　　标	说　　明
11	社区 卫生站		表示该处提供社区卫生防疫类服务的场所
12	允许吸烟		表示允许抽烟的场所
提示类标志			
1	小心 下楼梯		表示该处楼梯危险下楼需小心脚下
2	小心头顶		表示该处较低需小心头顶碰撞
3	宠物区		表示提供宠物活动的区域或场所

续表

序号	标识名称	图　标	说　明
4	约束宠物		表示需要人约束好自己的宠物
5	宠物清洁手套		表示提供人们清洁宠物垃圾的手套
6	保持宠物区清洁		表示需要人们清洁宠物垃圾，保持区域整洁
7	请保持清洁		表示需要保持区域整洁
8	节约用电		表示需要节约使用电

续表

序号	标识名称	图　标	说　明
9	节约用水		表示需要节约使用水
10	请注意		表示经过该区域小心周边环境
11	爱护花草		表示需要爱护花草树木
12	爱护小动物		表示需要爱护小动物
13	照看好儿童		表示该处需要照看好儿童
14	小心婴儿车		表示该处有婴儿车出没，需要小心

续表

序号	标识名称	图　标	说　明
15	小心照顾老人		表示该处需要小心照顾老人
16	老人小心		表示该处老人需要小心
17	小心滑倒		表示该处地面湿滑，需要小心
18	小心碰撞		表示该处有障碍物，需要小心碰撞
19	水深小心		表示该处水较深，需要小心
20	小心台阶		表示该处有台阶，需要小心

续表

序号	标识名称	图　　标	说　　明
21	允许调头		表示该处机动车可以调头
禁令类标志			
1	禁止通行		表示该处不允许机动车通行
2	禁止停靠		表示该处不允许机动车停靠
3	禁止调头		表示该处不允许机动车调头
4	禁止左转		表示该处不允许机动车左转弯

续表

序号	标识名称	图　　标	说　　明
5	禁止右转		表示该处不允许机动车右转弯
6	禁止停车		表示该处不允许机动车停放
7	禁止鸣笛		表示该处不允许机动车鸣喇叭
8	非机动车禁止驶入		表示该处不允许非机动车驶入
9	助力车禁止驶入		表示该处不允许助力车驶入

续表

序号	标识名称	图　标	说　明
10	禁止骑行童车		表示该处不允许童车骑行
11	禁止行人进入		表示该处不允许行人进入
12	禁止滑轮		表示该处不允许滑轮运动
13	禁止攀爬		表示该处不允许人们攀爬
14	禁止入水		表示该处不允许人们进入水面

续表

序号	标识名称	图　　标	说　　明
15	禁止戏水		表示该处不允许人们玩水
16	禁止垂钓		表示该处不允许钓鱼
17	禁止捕鱼		表示该处不允许捕鱼
18	禁止乱丢垃圾		表示该处不允许随地乱丢垃圾
19	禁止折花		表示该处不允许采摘花朵

续表

序号	标识名称	图　　标	说　　明
20	禁止儿童玩耍		表示该处不允许儿童玩耍
21	禁止儿童进度		表示该处不允许儿童进入
22	注意儿童穿行		表示车辆经过该处需小心儿童穿行
23	禁止宠物进入		表示该处不允许宠物进入
24	禁止宠物排便		表示该处不允许宠物随地大小便

续表

序号	标识名称	图　　标	说　　明
25	限制高度		表示驶入该处的车辆不能超过的高度
26	限制宽度		表示驶入该处的车辆不能超过的宽度
27	水深		表示该处水的深度
28	限制速度		表示驶入该处的车辆不能超过的速度
29	减速让行		表示该处需要机动车减速让行

续表

序号	标识名称	图　　标	说　　明
30	停车让行	STOP	表示该处需要机动车停车让行
31	禁止火种		表示该处不允许有火种出现
32	禁止触碰电表井		表示该处有电表，闲人勿碰
33	严防火灾		表示该处需要严防发生火灾
34	严禁使用电梯		表示遇到火警时，不允许使用电梯

续表

序号	标识名称	图　　标	说　　明
安全类标志			
1	注意高压	注　意　高　压 Caution High Voltage	表示小心该处有高压电缆
2	禁止吸烟		表示该处不允许吸烟
3	灭火器	灭火器 Fire Extingisher	表示放置灭火器的装置或地点
4	消防栓	消防栓 Fire Hose	表示放置消防水带的装置或地点

续表

序号	标识名称	图　标	说　明
5	警铃	警铃 Alarm Bell	表示报警铃的装置或地点
6	消防通道		表示消防使用的通道
7	防烟门		表示该处为防止烟火的门
8	紧急救援器械		表示紧急使用的救援器械所放置的装置或地点
9	火警电话	火警 119	表示在发生火灾时拨打的电话

续表

序号	标识名称	图　　标	说　　明
10	报警电话		表示发生刑事案件拨打的电话
11	下有设备		表示下面有设备，禁止开挖
12	监控设施		表示该处处于闭路电视监控中
施工类标志			
1	注意戴安全帽		表示进入该处时需要戴安全帽
2	注意起重机		表示进入该处时需要注意起重机

续表

序号	标识名称	图　　标	说　　明
3	注意戴手套	注意带手套 Caution Wear Gloves	表示该处活动时需要戴手套
4	防止工伤事故	防止工伤事故	表示施工中要避免发生工伤事故
5	注意高空坠物		表示进过该处时需小心高空下坠物体
6	禁止进入工地	工程重地 闲人勿进	表示该处为工地，闲人禁止进入
无障碍类标志			
1	无障碍设施		表示提供给有特殊需求的人士使用的设施

续表

序号	标识名称	图　标	说　明
2	无障碍客房		表示提供给有特殊需求的人士使用的房间
3	无障碍电梯		表示提供给有特殊需求的人士使用的电梯
4	无障碍电话		表示提供给有特殊需求的人士使用的电话
5	无障碍卫生间		表示提供给有特殊需求的人士使用的卫生间
6	无障碍停车位		表示提供给有特殊需求的人士使用的停车位
7	无障碍坡道		表示提供给有特殊需求的人士通行使用的坡道

续表

序号	标识名称	图　　标	说　　明
8	无障碍通道		表示提供给有特殊需求的人士通行使用的通道
9	文字电话		表示提供给有听力障碍或语言障碍者使用的文字帮助电话

附录B　国家A级住宅小区标识系统的优秀实例

分　类	名　称	实景照片 / 图片
入口标识	小区总平面图	
小区景观环境类标识	小区多向导示牌	
	私家花园请勿入内	

续表

分　类	名　称	实景照片 / 图片
小区景观环境类标识	请勿戏水牌	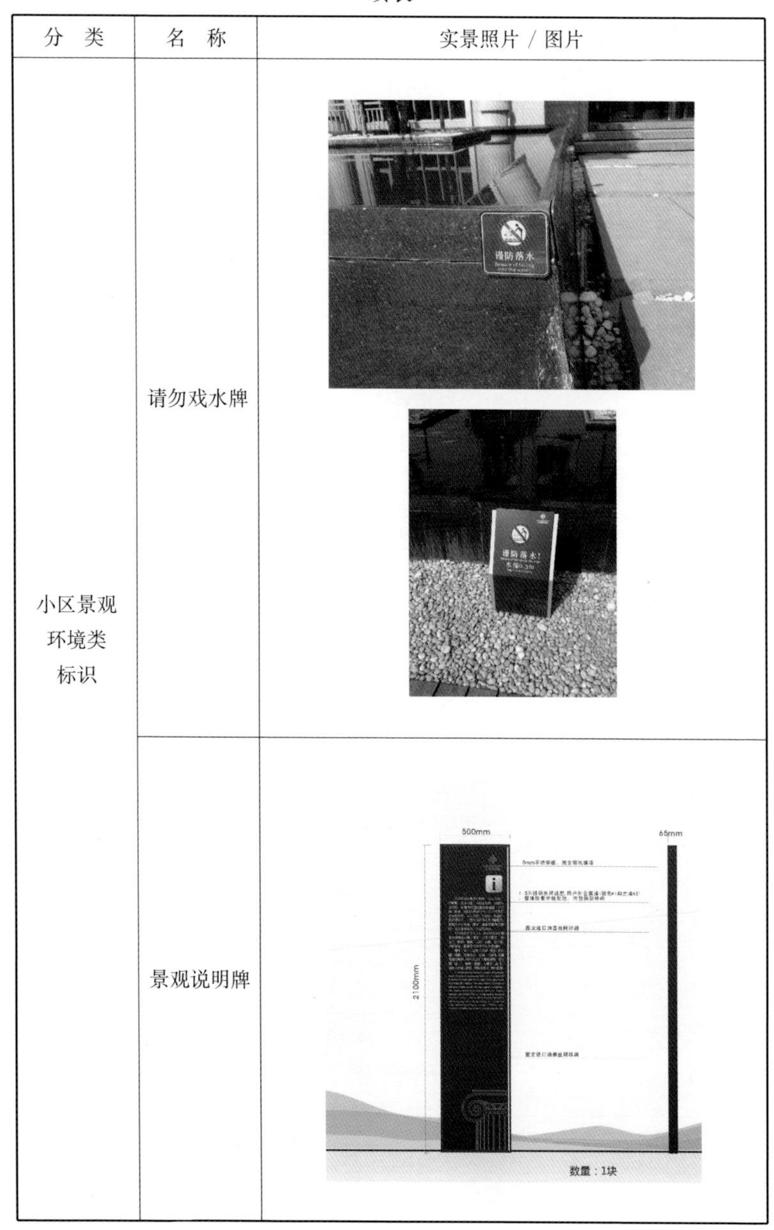
	景观说明牌	

续表

分　类	名　称	实景照片／图片
小区景观环境类标识	儿童游乐场	
	树名牌	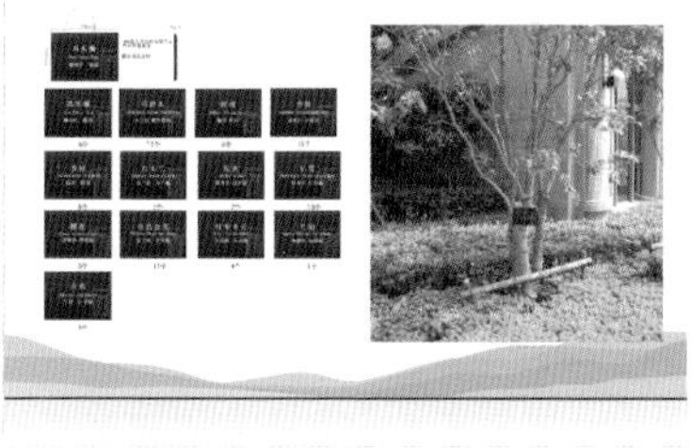
	安全警示牌	  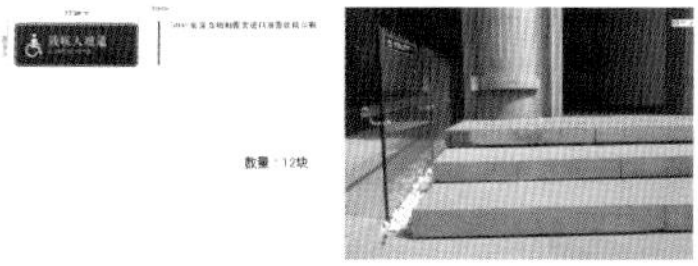

续表

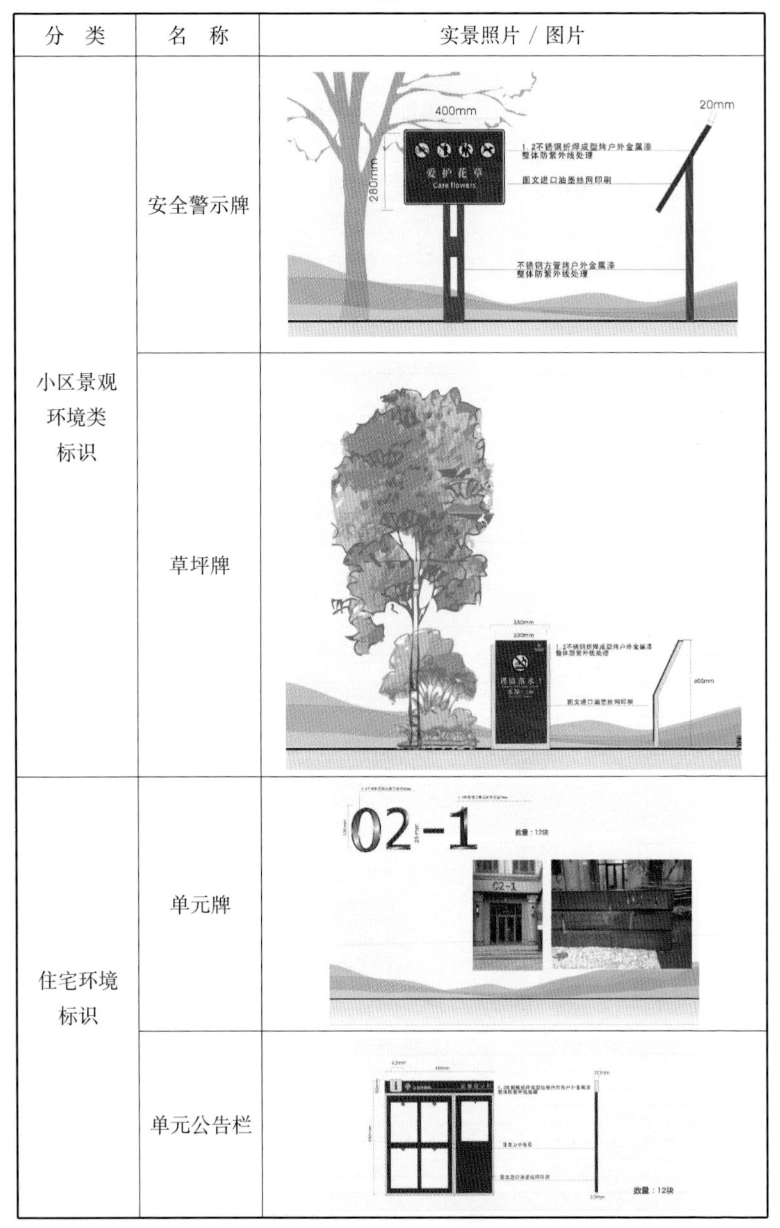

分　类	名　称	实景照片 / 图片
小区景观环境类标识	安全警示牌	
	草坪牌	
住宅环境标识	单元牌	
	单元公告栏	

续表

分 类	名 称	实景照片 / 图片
物业用牌	物业管理处	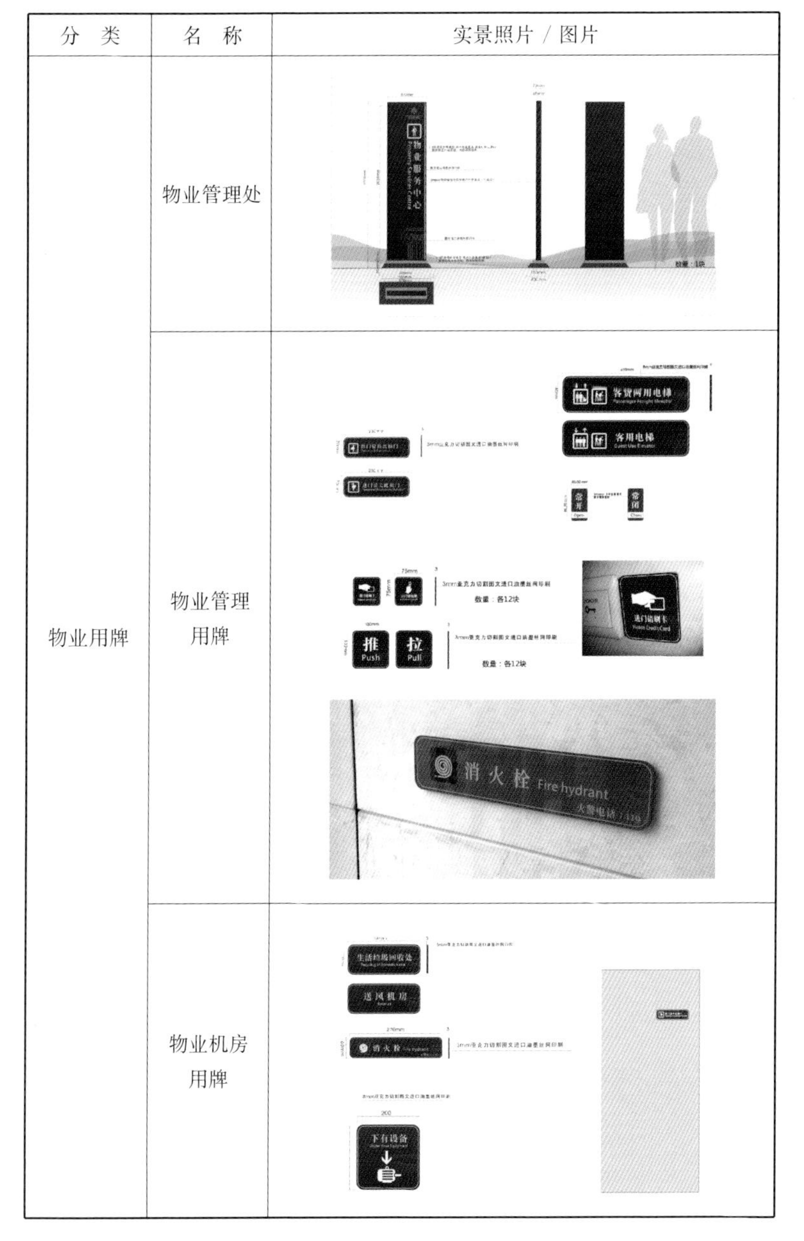
	物业管理用牌	
	物业机房用牌	

续表

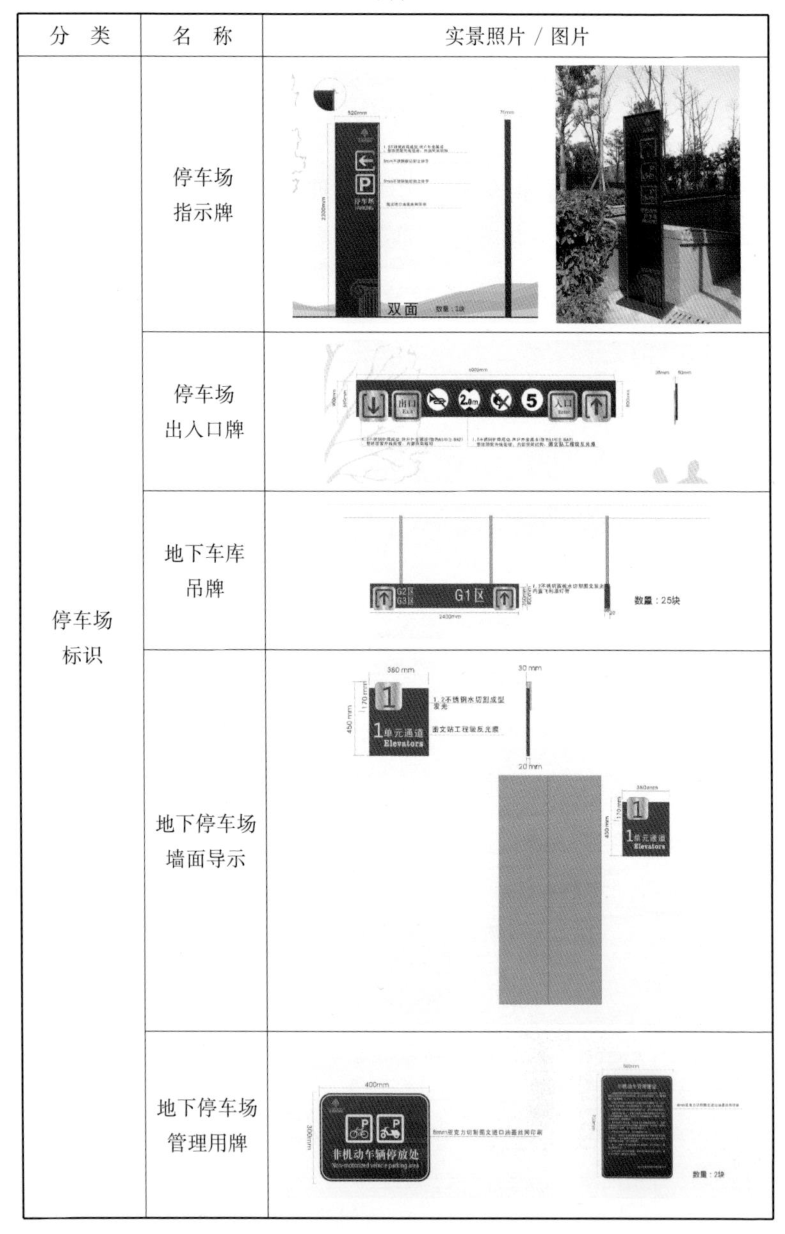

分　类	名　称	实景照片 / 图片
停车场标识	停车场指示牌	
	停车场出入口牌	
	地下车库吊牌	
	地下停车场墙面导示	
	地下停车场管理用牌	

附录C　标识系统材料类型介绍

C.0.1　玻璃，分为钢化玻璃、喷砂玻璃、超白玻璃、水纹玻璃、常规青玻、夹胶玻璃等。

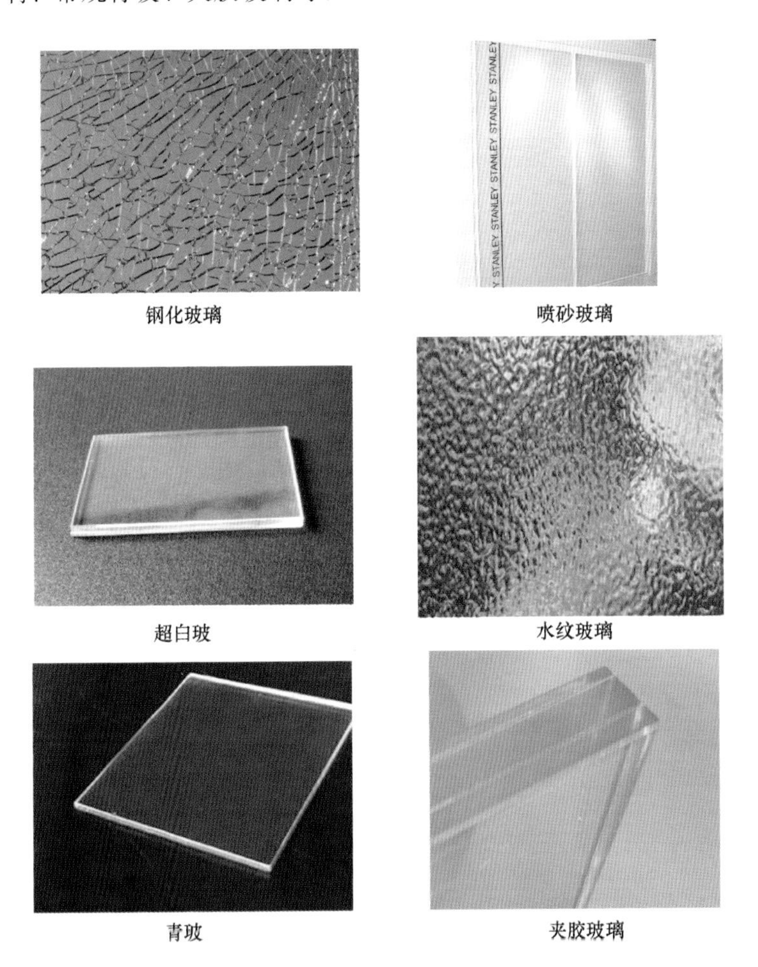

钢化玻璃　喷砂玻璃

超白玻　水纹玻璃

青玻　夹胶玻璃

C.0.2 金属：金属材料在现代标识系统中的应用十分广泛，有铝合金板、不锈钢板、镀锌板、钛金板、铜板、铝板等。

铝合金板　不锈钢板

钛金板　镀锌板

铜板　铝板

1）铝合金板：优点是本身质感好，氧化慢，板材厚度高，平整性好，着色附着力强，不容易脱色，重量轻，便于安装。唯一缺憾是材料成本较高。

2）不锈钢板：常见有亮光和亚光两种。它本身质感好，氧化缓慢，经常在使用时让其露出本色，给人的心理感觉是时尚、儒雅、高贵。不足之处是材料成本高，色彩较灰暗、单一，特别是在阴雨天效果不好。通常用于楼宇标识，形象标识，也可同其他材料搭配使用，效果更佳。

3）冷板：最大特点是容易折弯、切割、焊接、打磨、加工方便，着色附着力强。不足之处是氧化快，易生锈，所以表面肌理处理很重要。冷板由于材料成本低，应用十分广泛。但在表面烤漆时要严格把握，不能以喷漆代替。

C.0.3 木料，有实木、仿木、密度板等。

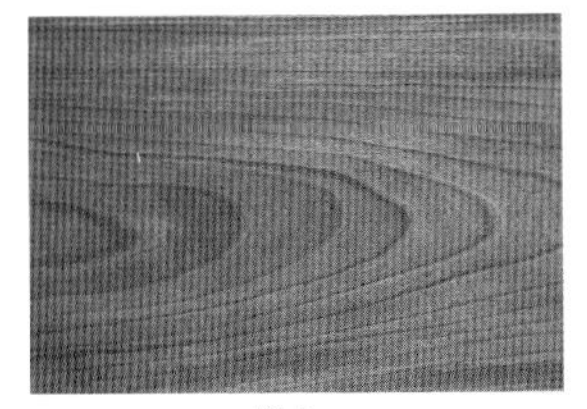

实木

仿木

密度板

1）实木，分贴膜和全实木。一般边框为实木，膛板为贴膜。贴膜一般多为杉木板制作，这样不易开裂，不过价格与全实木相差很大。

2）仿木，是一种工艺技术。运用这种工艺技术可以生产制作出形形色色的产品，也可以进行现场施工。

仿木制品特点，运用仿木工艺制作出来的产品，从外观上看和真正木头的视觉效果不相上下，甚至能以假乱真，难以区分，但从使用寿命上仿木要优于真木，经过长年风吹日晒也不会腐蚀褪色，更不会生虫，既环保又解决了木材紧缺的窘况。

3）密度板，也叫纤维板，是人造板或复合板的一种。是以木质纤维或其他植物纤维为原料，施加适量胶粘剂压制而成的人造板材，按其密度不同，分为高密度板、中密度板、低密度板。

总体来说，较高密度更好，但如果结合环保标准的话，需要全盘考虑，因为密度越高所用的胶就越多。

C.0.4 石材，有天然大理石、花岗石等。

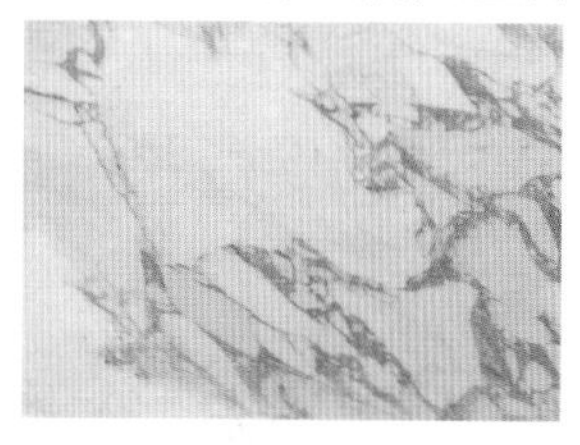

天然大理石

花岗石

石材的使用同木材一样有悠远的历史，但不同之处为它的强度高，不易受自然条件的损坏，使用寿命长。优点为肌理效果好，风格独特，文化品位浓郁，是其他材料不可替代的。缺点为材料本身过重，不易加工，大理石应尽量用于室内，结构方面要考虑的问题较多。

C.0.5 塑料，有亚克力板、PVC 板等。亚克力具有高透明度，透光率达 92%。具有极佳的耐候性，尤其适用于室外，并具有良好的表面硬度与光泽，加工可塑性大，可制成各种所需要的形状与产品。板材的种类繁多，色彩丰富（含半透明的色板），厚板仍能维持高透明度。抗冲击力强，是普通玻璃的 16 倍。重量轻，环保，维护方便，易清洁。

C.0.6 其他：双色板、皮料、像纸、光栅板等。

双色板

皮料

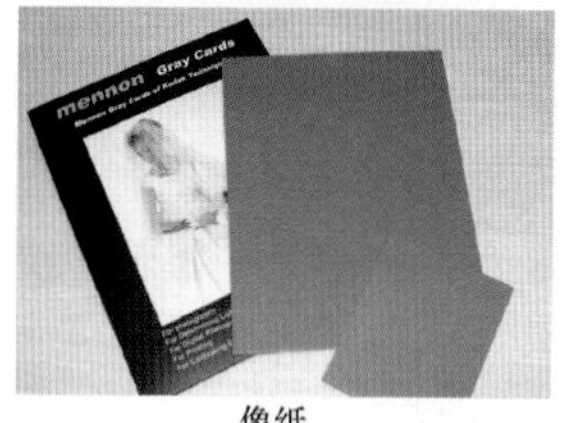

像纸

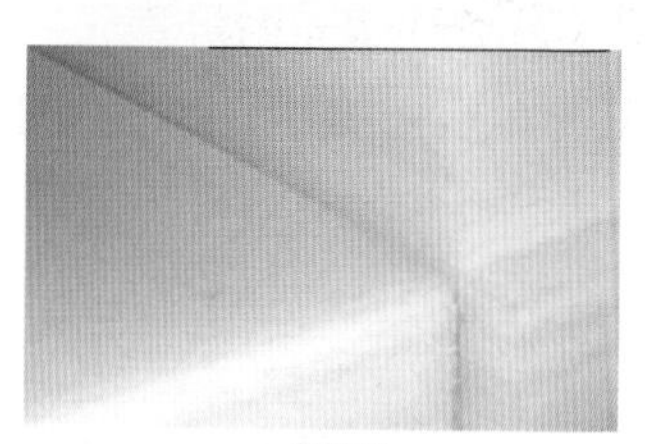

光栅板

附录D　标识系统灯源类型介绍

标识系统灯源类型主要有：1）LED灯；2）T4、T5灯管；3）霓虹灯。

D.0.1　LED灯。LED灯具有节能、环保的优势，在灯具行业的发展已成为主要趋势，其所使用的技术及产品属性已与传统灯具大不相同。

1）LED灯具的灯泡体积小、重量轻，并以环氧树脂封装，可承受高强度机械冲击和震动，不易破碎，且亮度衰减周期长，所以其使用寿命可长达50000～100000h，远超过传统钨丝灯泡的1000h及荧光灯管的10000h。由于LED灯具的使用年限可达5～10年，所以不仅可大幅降低灯具替换的成本，又因其具有极小电流即可驱动发光的特质，在同样照明效果的情况下，耗电量也只有荧光灯管的1/2，因此LED也同时拥有省电与节能的优点。

2）适应于：（1）建筑物外观照明；（2）景观照明；（3）标识与指示性照明；（4）室内空间展示照明；（5）娱乐场所及舞台照明；（6）视频屏幕；（7）车辆指示灯照明。

3）LED 光源的优势：

（1）LED 光源发光效率高。LED 光效可发到 50～200 流明/W，而且发光的单色性好，光谱窄，无须过滤，可直接发出有色可见光。

（2）LED 光源耗电量少。LED 单管功率 0.03～0.06W，采用直流驱动，单管驱动电压 1.5～3.5V。用在同样照明效果的情况下，耗电量是白炽灯的万分之一，荧光管的 1/2。

（3）LED 光源使用寿命长。LED 灯具使用寿命可达 3～5 年，可以大大降低灯具的维护费用避免经常换灯之苦。

（4）安全可靠性强。发热量低、无热辐射性、冷光源、可以安全抵摸，能精确控制光型及发光角度、光色和、无眩光、不含汞、钠元素等可能危害健康的物质。

（5）LED 光源有利环保。LED 为全固体发光体、耐冲击不易破碎、废弃物可回收、没有污染，可以减少大量二氧化硫及氮化物等有害气体以及二氧化碳等温室气体的产生，改善人们生活居住环境，可称“绿色照明光源”。

（6）LED 光源更节能。节能是考虑使用 LED 光源的最主要原因，也许 LED 光源要比传统光源昂贵，但是用一年时间的节能收回光源的投资，从而获得 4～9 年中每年几倍的节能净收益期。

D.0.2 T4、T5 灯管。荧光灯管是气体放电发光电光源，按照管径分为 T12、T10、T8、T6、T5、T4、T3 等，当前以 T8、T6、T5、T4 为主流。特别是由于 T5 荧光灯管，技术性能先进，光效高，照明质量与效果优秀等技术特性，正以较快的速度替代 T8 荧光灯管，其余的数字对应如下：

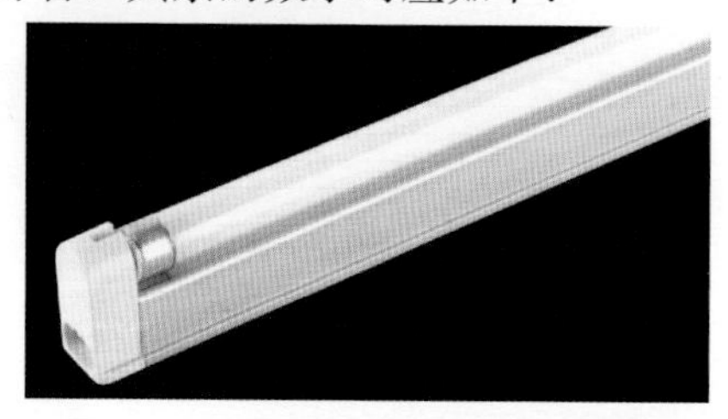

1）T12 直径 38.1mm；T10 直径 31.8mm；T8 直径 25.4mm；T5 直径 16mm；T4 直径 12.7mm；T3.5 直径 11.1mm；T2 直径 6.4mm。

2）灯带的应用范围：目前已被广泛应用在建筑物、桥梁、道路、花园、庭院、地板、天花板、家具、汽车、池塘、水底、广告、招牌、标志等上的装饰和照明。

3）T5 灯管的分类。根据技术品质分为：T5 日光灯管和 T5 节能灯管。从生产成整灯的角度又分为：T5 日光灯和 T5 节能灯两种。两者在光效、节电率、照明质量与效果、寿命等方面的技术性能有较大的差异。T5 节能灯的技术品质，明显优于 T5 日光灯。其中一项最为直观也是非常重要的技术品质参数就是 T5 荧光灯管的光衰。T5 荧光灯管的光衰速率大小、光衰程度是否严重，对 T5 荧光灯管的照明质量与效果和寿命，具有决定性影响。

4）T5 荧光灯管光衰现象。T5 荧光灯管，在启辉点燃运行中，在整灯电功率没有降低的前提下，荧光灯管产生发出的光通量，会随着启辉点燃时间慢慢地降低，整灯亮度和照度降低。这种现象称为荧光灯管的光衰。

D.0.3 霓虹灯 。霓虹灯是由玻璃管制成。经过烧制，玻璃管能弯曲成任意形状，具有极大的灵活性，通过选择不同类型的管子并充入不同的惰性气体，霓虹灯能得到五彩缤纷、多种颜色的光。发光效率明显优于普通的白炽灯，其亮、美、动的特点，是目前任何电光源所不能替代的。由于霓虹灯是冷阴极辉光放电，因此一支质量合格的霓虹灯其寿命可达 20000～30000h。

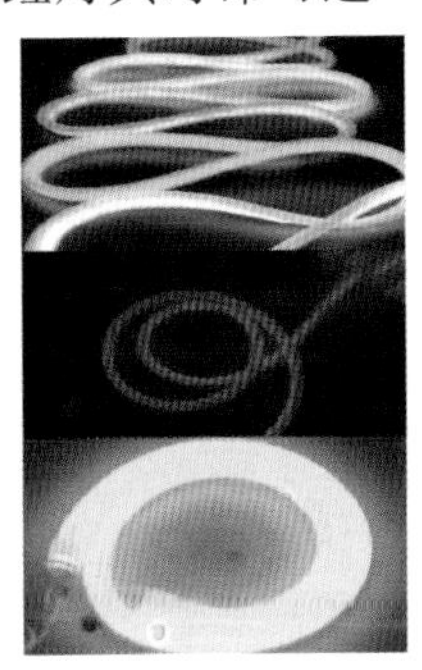

1）特点：

（1）高效率：霓虹灯是依靠灯光两端电极头在高压电场下将灯管内的稀有气体击燃，它不同于普通光源必须把钨丝烧到高温才能发光，造成大量的电能以热能的形式被消耗掉。因此，用同样多的电能，霓虹灯具有更高的亮度。

（2）温度低：霓虹灯因其冷阴极特性，工作时灯管温度在60℃以下，所以能置于室外遭受日晒雨淋或在水中工作。同样因其工作特性，霓虹灯光谱具有很强的穿透力，在雨天或雾天仍能保持较好的视觉效果。

（3）低能耗：在技术不断创新的时代，霓虹灯的制造技术及相关零部件的技术水平也在不断进步。新型电极、新型电子变压器的应用，使霓虹灯的耗电量大大降低，由过去的灯管耗电56W/m降到灯管耗电12W/m。

（4）寿命长：霓虹灯在连续工作不断电的情况下，寿命达10000h以上。

（5）制作灵活，色彩多样。

（6）动感强：霓虹灯画面由常亮的灯管及动态发光的扫描管组成，可设置为跳动式扫描、渐变式扫描、混色变色七种颜色扫描。扫描管由装有微电脑芯片编程的扫描机控制，扫描管按编好的程序亮或灭，组成一副副流动的画面，似天上彩虹、像人间银河、更酷似一个梦幻世界，引人入胜，使人难以忘怀。

2）由于霓虹灯管通常采用玻璃材质，制作相对复杂并且有易碎的缺点。由于采用高压变压器，往往对周边通信设备有一定的干扰。在技术发达的今天，采用多色LED逐步取代，相比较来说更节能，安装更方便。

附录E　标识系统安装类型介绍

E.0.1　双面弧形科室牌的安装示意图。

双面弧形科室牌的安装说明:

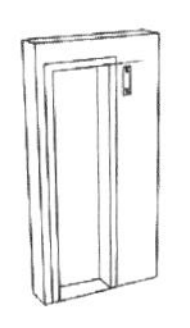

步骤一

首先在墙面上定位并做上记号（标准是:科室牌的上端必须与门框下檐平齐，边为3cm，但是弧型科室牌下底座按门框下檐的总高减去5cm定位）

步骤二

在做记号的地方用冲击钻并配上$\phi 6$的钻头打上两个孔

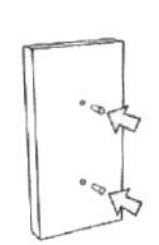

步骤三

在钻好的孔内放入6#塑料膨胀或木档切成小块敲入孔内

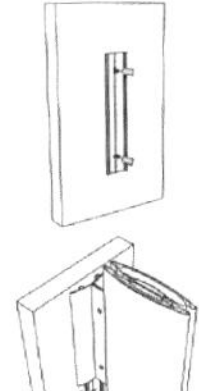

步骤四

用木螺钉把弧形科室牌下底座固定在墙面上

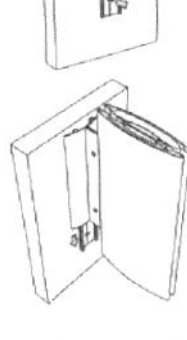

步骤五

再把双面弧形科室牌的上底座顺着轨道插到下底座上

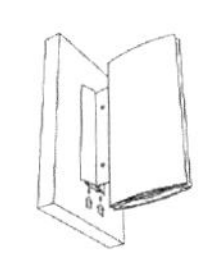

步骤六

在上下底座下面的两个划槽口各吃上两颗小的自攻螺钉，使其牢牢的固定住

所用工具：冲击钻、电源线、锤子、螺丝刀(十字)

所用辅料：6#塑料膨胀、木螺钉

E.0.2　科室牌的安装示意图。

科室牌安装说明:

步骤一

首先在墙面上定位并做上记号，标准就是科室牌的上端必须与门框下檐平齐，边留3cm定位

步骤二

在做记号的地方用冲击钻并配上$\phi 6$的钻头打上两个孔

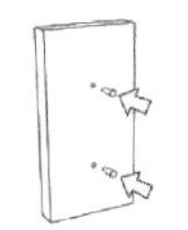

步骤三

在钻好的孔内放入6#塑料膨胀或木档切成小块再敲入打好的孔内

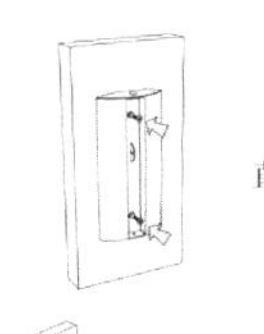

步骤四

底座用自攻螺钉直接固定在墙面上

步骤五

把型材插入底座，同时把封边封上

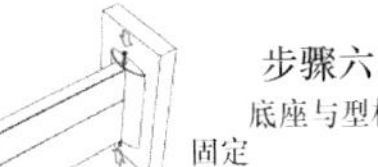

步骤六

底座与型材用螺钉固定

所用工具：螺丝刀、冲击钻、锤子、卷尺

所用辅料：螺钉、6#塑料膨胀（或木档）

E.0.3　悬吊型：从顶棚悬吊而下，可直接安装在顶棚也可悬吊

在顶棚之上，钣金吊挂标识安装示意图。

钣金吊挂安装说明:

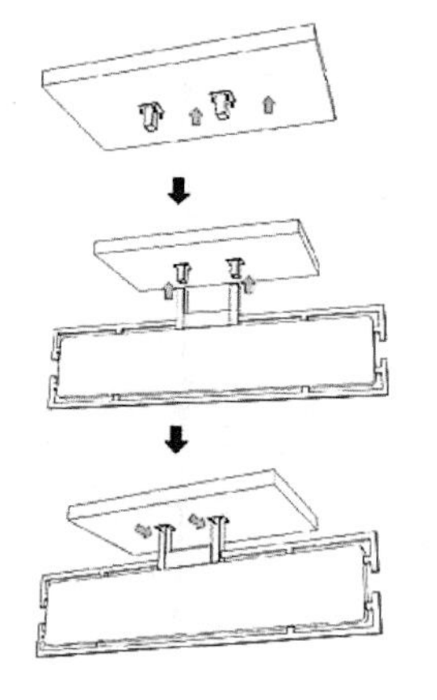

步骤一
首先在顶棚上找出龙骨定位，并做上标记，然后用自攻螺钉把金属连接件固定在顶棚上

步骤二
把钣金吊挂的两个脚与固定好的连接件连接到一起

步骤三
最后在脚的侧面打上自攻螺钉，使其固定不动

所需工具：手枪钻、卷尺、螺丝刀、十字劈头、电源线
所需辅料：木螺钉、自攻螺钉

E. 0. 4 吊具安装示意图。

吊具安装说明:

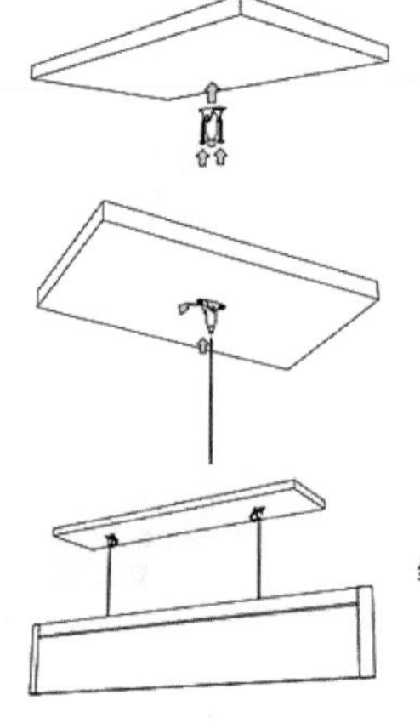

步骤一
首先在天花板上定位并做上记号、然后用自攻螺钉把吊具固定在天花板上

步骤二
把钢丝吊绳穿过吊具，调整合适的高度，然后固定住

步骤三
最后把多余的钢丝绳饶圈或用斜口钳剪断（根据客户要求）

所用工具：螺丝刀、斜口钳、冲击钻、卷尺、电源线
所用辅料：木螺钉

E.0.5 石膏板吊挂安装示意图。

石膏板吊挂安装说明:

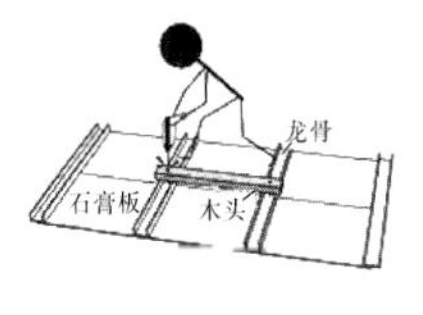

步骤一

首先，用电钻在木条与龙骨上打上孔或找到相对牢固的主龙骨用4.2的麻花钻铣孔

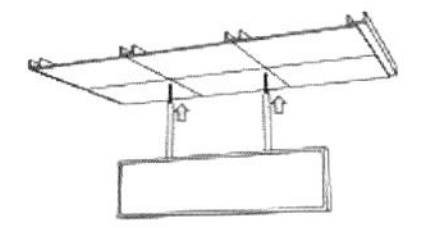

步骤二

把螺杆或钢丝绳插到钻好的孔内依次穿过石膏板、龙骨和木头

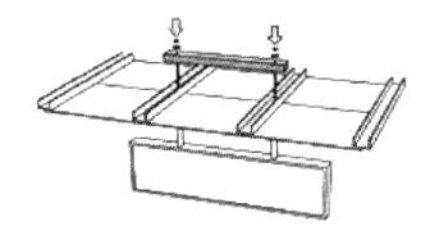

步骤三

最后，在螺杆上垫上垫片用扳手把螺母拧上使其固定或绕主龙骨打结固定

所需工具：麻花钻、手枪钻、电源线、斜口钳、扳手、卷尺

所需辅料：螺母

E.0.6 网状顶面吊挂安装示意图。

网状顶面吊挂安装说明:

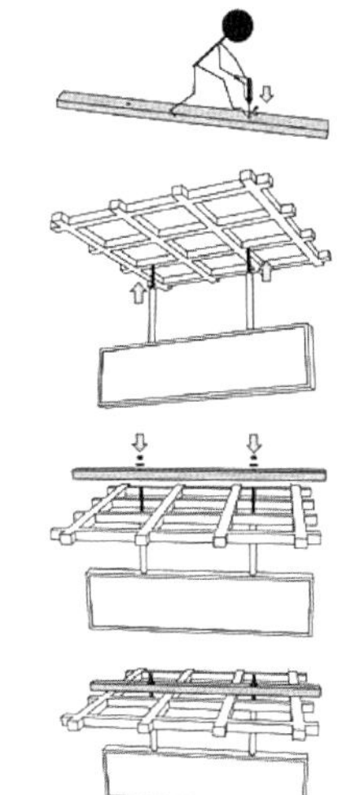

步骤一

用电钻在木条上打两个与螺杆相匹配的孔，孔心所需距离与吊挂两螺杆距离一致

步骤二

吊挂的两根螺杆穿过网状顶面框架

步骤三

木条套到螺杆上，垫上垫片，用螺母吃紧

所用工具：手枪钻、电源线、扳手、卷尺

所用辅料：螺母

墙挂型：指安装在墙面上，又可分嵌入式、半嵌入式、墙外挂式等。

E.0.7 单面弧形科室牌的安装示意图（一）。

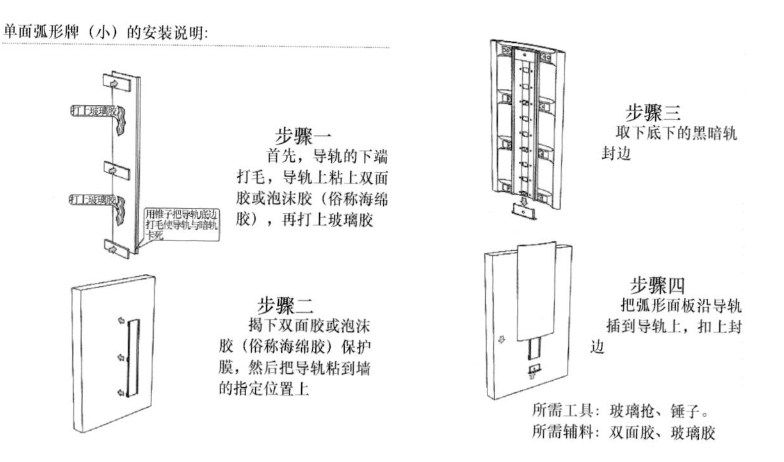

E.0.8 单面弧形科室牌的安装示意图（二）。

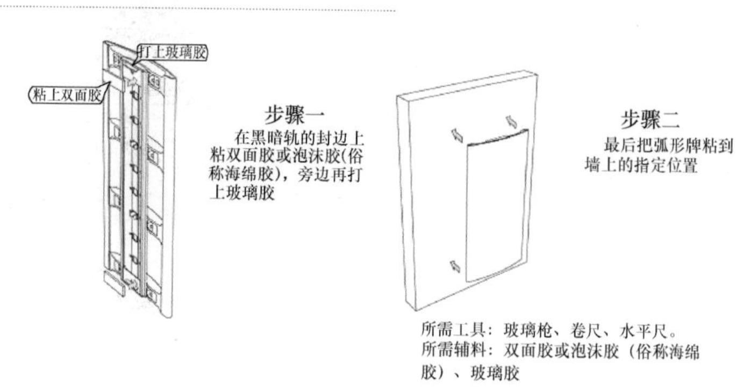

E.0.9　单面弧形牌（大）的安装示意图。

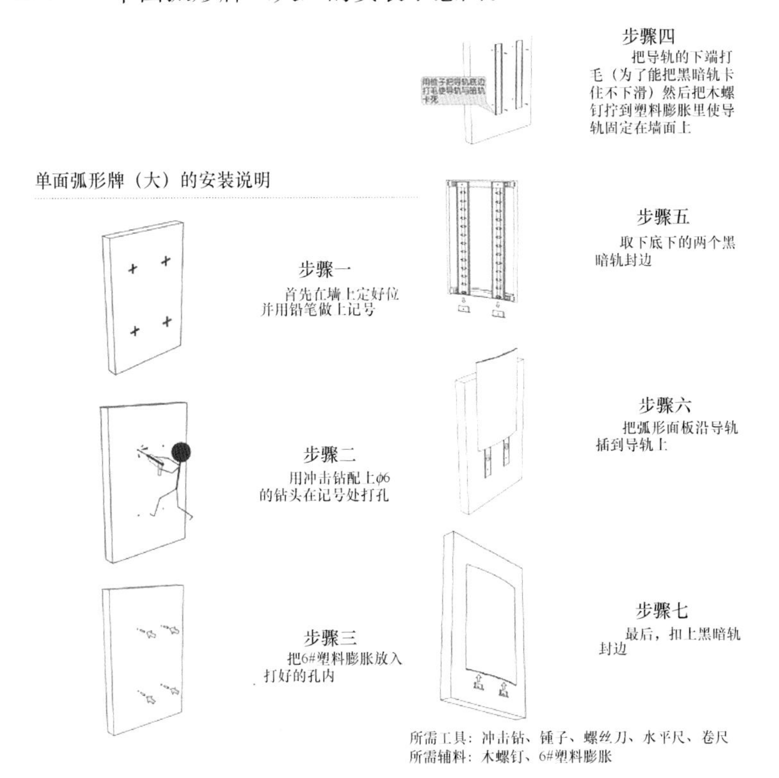

E.0.10　水牌（小）的安装示意图。

水牌（小）安装说明

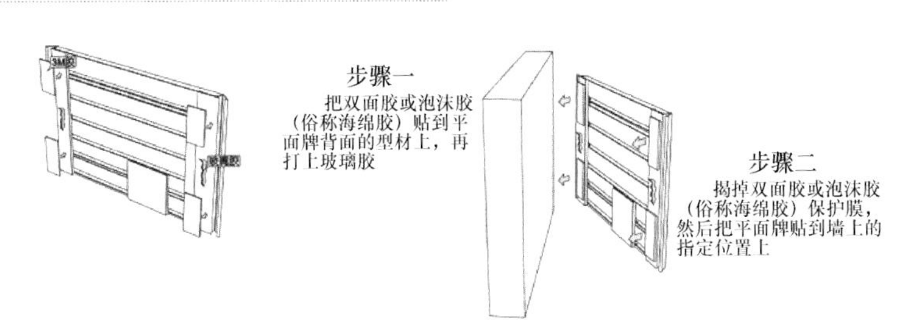

所需工具：玻璃枪、卷尺
所需辅料：双面胶（或泡沫胶）、玻璃胶

E.0.11 水牌（大）的安装示意图。

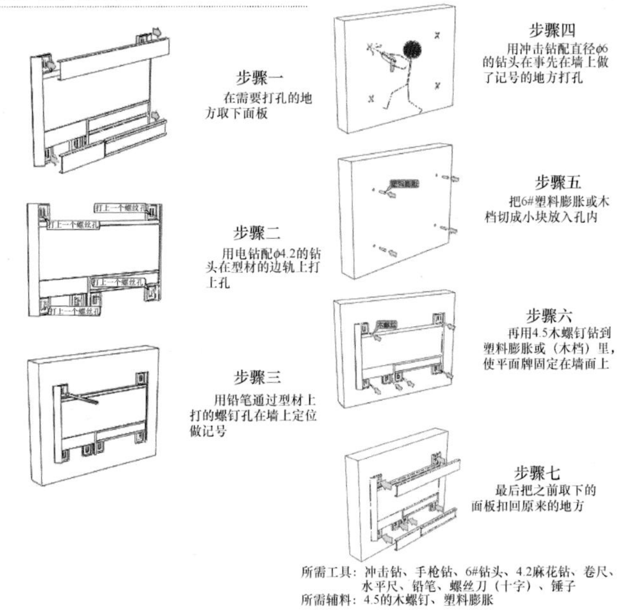

E.0.12 冷板、铝板、不锈钢折弯的安装示意图。

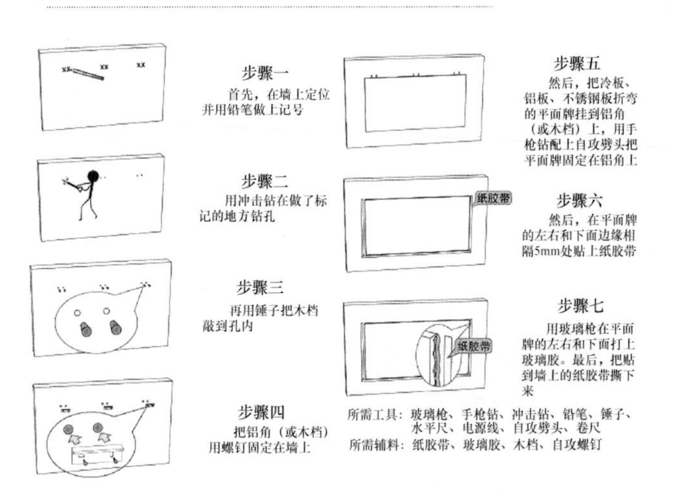

E. 0. 13 室内挂墙宣传栏的安装示意图。

室内挂墙宣传栏安装说明

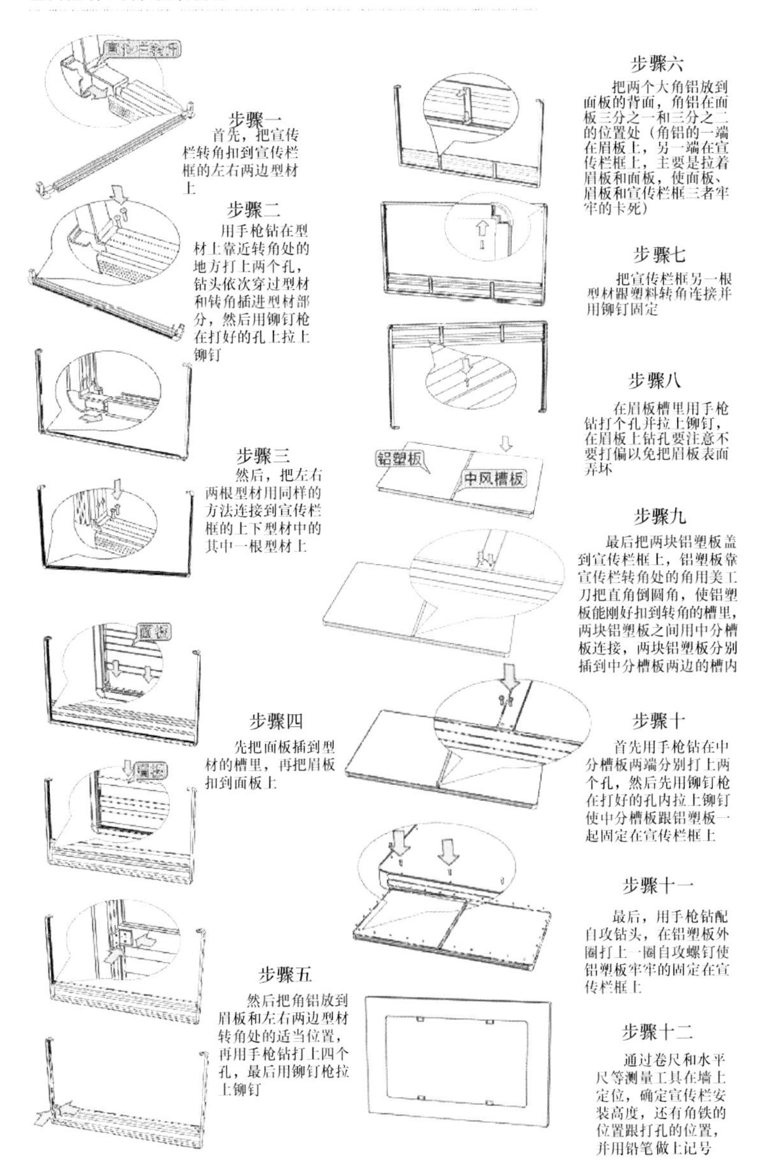

室内挂墙宣传栏安装说明：

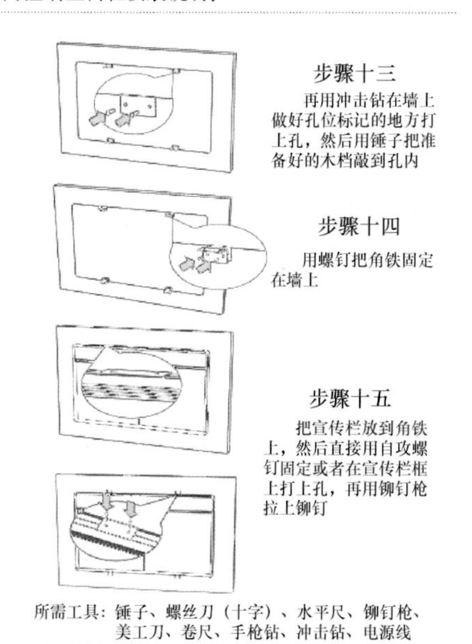

所需工具：锤子、螺丝刀（十字）、水平尺、铆钉枪、美工刀、卷尺、手枪钻、冲击钻、电源线

所需辅料：铆钉、自攻螺钉、角铝、角铁

自立型（单双柱）：安装在地面，根据需要可以固定安装也可以移动。

E. 0. 14 斜台面的安装示意图。

斜台面的安装说明：

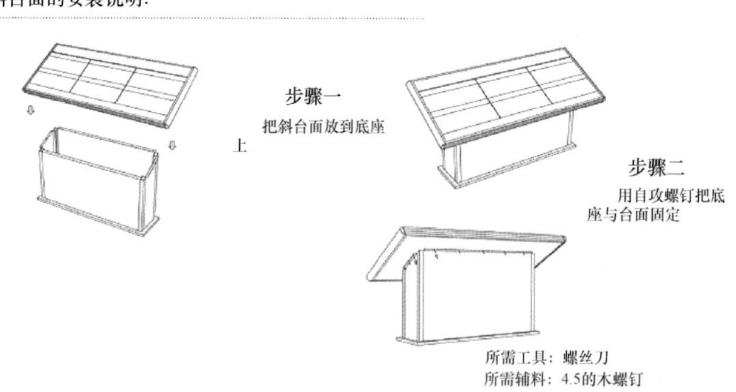

所需工具：螺丝刀

所需辅料：4.5的木螺钉

E. 0. 15 带预埋件的安装示意图。

带预埋件的安装说明:

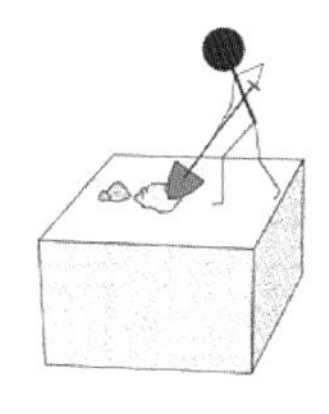

步骤一

用铁锹在地面上挖一个坑，坑的尺寸大于预埋件尺寸20~30cm

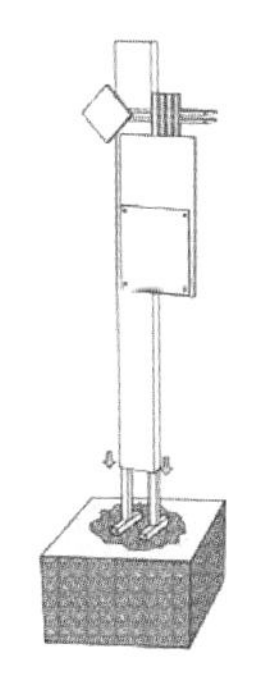

步骤二

把立牌地下部分放入坑内，并使立牌保持竖直状态

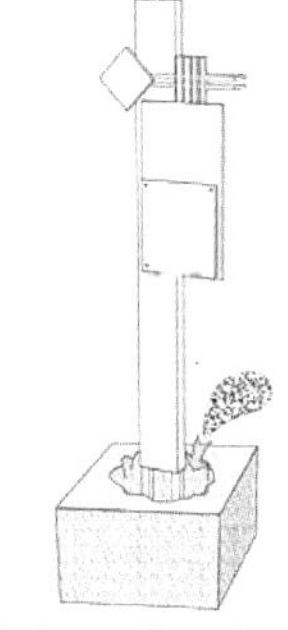

步骤三

用混凝土填埋

所需工具：铁锹、锤子、水平尺、卷尺

所需辅料：瓜子片、水泥

E. 0. 16 预埋件的安装示意图。

预埋件的安装说明:

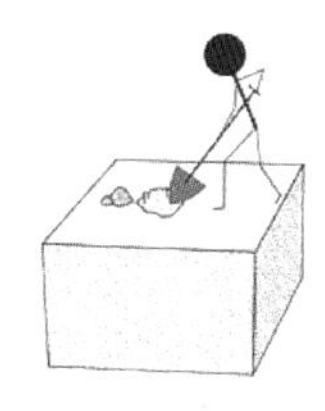

步骤一

首先在地面上挖一个坑，坑的尺寸大于预埋件尺寸20~30cm

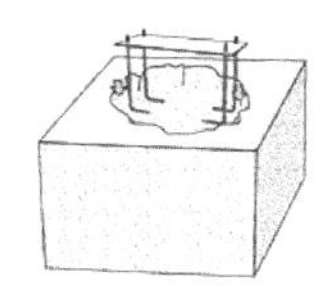

步骤二

把预埋件放入坑内，并保持预埋件面板与地面相平，并用水平尺挂平

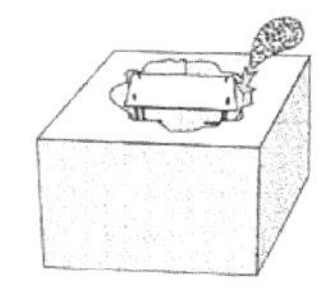

步骤三

用混凝土填埋挖好的坑，使预埋件固定，待混凝土凝固后继续接下来的安装

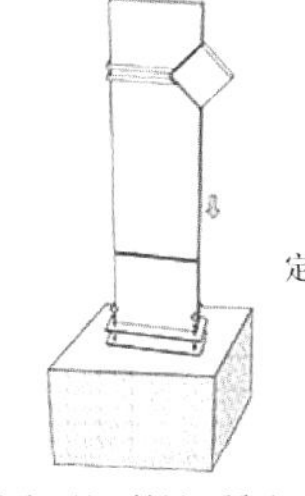

步骤四

把立牌用螺帽固定在预埋件上

所需工具：铁锹、锤子、水平尺、卷尺

所需辅料：瓜子片、水泥

E. 0. 17　室内宣传栏的安装示意图。

室内宣传栏安装说明：

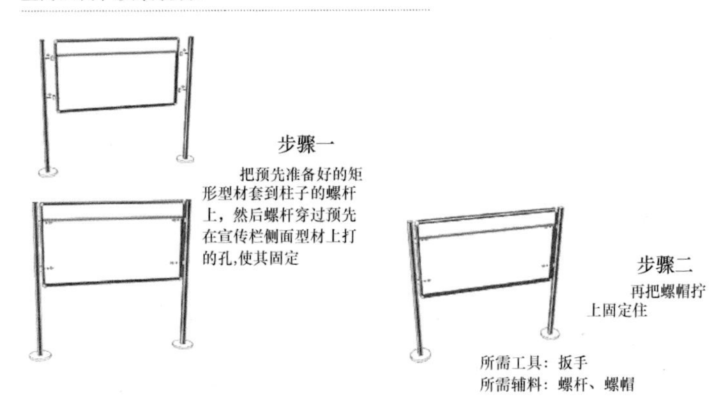

E. 0. 18　户外宣传栏带预埋件的安装示意图。

户外宣传栏带预埋件的安装说明：

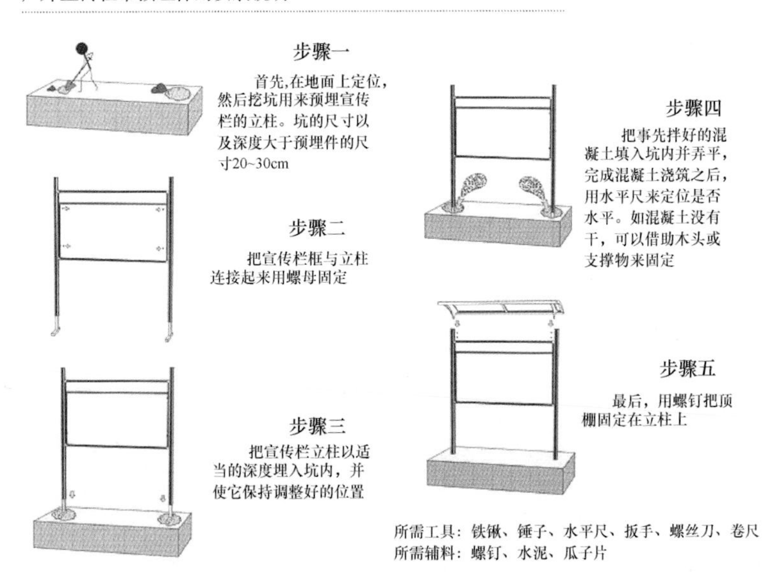

墙挂型与自立型这两种安装方式设置的高度不同，使用目的也不同。